BS 18,-

Josef Drexel

Landmaschinen

Wartung und Reparatur

289 Abbildungen

Verlag Eugen Ulmer Stuttgart

Josef Drexel ist Landmaschinen-Lehrmeister und praktische Lehrkraft an den Landwirtschaftlichen Lehranstalten Landsberg am Lech Landtechnische Abteilung

ISBN 3-8001-1032-6

© 1978 Eugen Ulmer GmbH & Co.,
Gerokstraße 19, 7000 Stuttgart
Printed in Germany
Einbandgestaltung: A. Krugmann, Stuttgart
Satz und Umbruch: Schönthaler, Ludwigsburg
Druck: Offsetdruckerei Karl Grammlich, Pliezhausen

Vorwort

Häufig werden der Schlepper oder Arbeitsmaschinen gerade dann reparaturbedürftig, wenn sie am notwendigsten gebraucht werden. Während früher die Reparatur und Pflege von Maschinen ausschließlich Sache des Fachmannes waren, muß der Landwirt heute, um schlagkräftig zu bleiben, immer mehr zur Selbsthilfe greifen. Es ist deshalb wichtig, daß der Landwirt mit den notwendigsten Pflege- und Reparaturarbeiten vertraut wird.

Mit diesem Buch soll dem praktischen Landwirt, dem jungen Landmaschinenmechaniker und der studierenden Jugend gezeigt werden, wo Schäden an Schleppern, Landmaschinen und anderen landwirtschaftlichen Geräten auftreten können, wie sie fachmännisch behoben werden und was bei einer sachgemäßer Wartung und Instandsetzung zu beachten ist.

Das Buch soll keine Übersicht landwirtschaftlicher Maschinen und Geräte geben, sondern vielmehr ein praxisnahes Pflege- und Reparaturenhandbuch als Ergänzung zu den Betriebsanleitungen der Herstellerfirmen sein.

Voraussetzungen für eine Reparatur auf dem Hof sind die mit dem notwendigsten Werkzeug eingerichtete bäuerliche Werkstatt und das Interesse am Selbermachen, verbunden mit der unbedingt erforderlichen Sorgfalt.

Das Schwergewicht wurde bewußt auf die Wartung gelegt, da durch rechtzeitige und vor allem richtige Pflege unnötige Reparaturkosten erspart bleiben. Dies gilt vor allem für Maschinen, die schon einige Jahre im Einsatz sind. Da es aber nicht möglich ist, alle anfallenden Reparaturen in diesem Buch zu beschreiben und diese auf dem Hof selbst vorzunehmen, muß man den Kontakt und das Vertrauen zum Landmaschinenfachmann nach wie vor wahren, da nur er große und schwierige Reparaturen sachgemäß durchführen kann.

Es würde mich freuen, wenn ich mit diesem praktischen Leitfaden eine Lücke in der Fachliteratur über die Instandhaltung und Reparatur von Landmaschinen schließen könnte.

Landsberg, Januar 1978   Josef Drexel

Inhaltsverzeichnis

Vorwort		5
Bildquellen		8
Allgemeines		9
1 Wartung von Schleppern und Anhängern		10
1.1	Schlepper	10
1.1.1	Ölkontrolle und Ölwechsel	10
1.1.2	Ölfilter	10
1.1.3	Luftfilter	12
1.1.4	Die Kraftstoffanlage	14
1.1.5	Ventilspiel einstellen	17
1.1.6	Kühlung	17
1.1.7	Kupplung	20
1.1.8	Getriebe	22
1.1.9	Hydraulik	23
1.1.10	Bremsen	26
1.1.11	Lenkung	29
1.1.12	Vorderachse	32
1.1.13	Elektrische Ausrüstungen	33
1.1.14	Störungstabellen	44
1.1.15	Bereifung	49
1.1.16	Wasserfüllung in den Reifen	54
1.2	Anhänger	57
1.2.1	Aufbau mit Zugeinrichtung	57
1.2.2	Feststellbremse	57
1.2.3	Fall- und Auflaufbremse	58
1.2.4	Druckluftbremse	58
2 Wartung von Bodenbearbeitungs- und Düngegeräten		
2.1	Pflüge	59
2.1.1	Prüfen und Einstellen	59
2.1.2	Prüfen von Unter- und Seitengriff	60
2.1.3	Streichbleche	60
2.1.4	Anbau und Einstellen der Schlepperanbaupflüge sowie der Vorwerkzeuge	62
2.1.5	Einwintern von Pflügen	62
2.2	Bodenfräse	62
2.3	Mineraldüngerstreuer	62
2.4	Stalldungstreuer	63
3 Wartung von Saat- und Pflegegeräten sowie Motorsägen		64
3.1	Mechanische Drillmaschinen	64
3.2	Einzelkornsägeräte für Rüben und Mais	64
3.3	Kartoffel-Legemaschinen	65
3.4	Pflanzenschutz-Spritze	65
3.4.1	Pumpe mit Saug- und Druckventilen	66
3.4.2	Filter	67
3.4.3	Druckspeicher	67
3.4.4	Druckregulierventil mit Manometer	68
3.4.5	Schläuche und Verbindungen	68
3.4.6	Düsen und Rückschlagventile mit Filter	69
3.4.7	Störungen	69
3.4.8	Auslitern der Pflanzenschutzspritze	69
3.4.9	Reparatur von Spritzmittelbehältern	71
3.4.10	Einwintern der Feldspritze	71
3.5	Motorsäge	72
3.5.1	Zündkerze	72
3.5.2	Mechanische Unterbrecherzündung	74
3.5.3	Elektronische Unterbrecherzündung	74
3.5.4	Kraftstoffanlage mit Vergaser und Luftfilter	75
3.5.5	Ölpumpe	76
3.5.6	Fliehkraftkupplung mit Kettenrad	76
3.5.7	Auswechseln des Starterseils	77
3.5.8	Auswechseln der Rückholfeder	77
3.5.9	Schärfen von Ketten	78
3.5.10	Ketten mit Sicherheitsgliedern	80
3.5.11	Kettenbremse	81
4 Wartung von Erntemaschinen und Transportfahrzeugen		81
4.1	Mähwerke	81
4.1.1	Überholen von Fingerbalken	81
4.1.2	Prüfen und Reparieren von Messern	83
4.1.3	Schleifen des Messers	85
4.1.4	Einpassen des Messers in den Balken	85
4.1.5	Einstellen der Voreilung	86
4.1.6	Fertigen einer Kurbelstange	86
4.1.7	Tägliche Kontrolle und Pflege	87
4.1.8	Doppelmessermähwerk	87
4.1.9	Rotierende Mähwerke	89

4.2	Heuwerbemaschinen	89		5.1.2	Wellendichtringe	108
4.2.1	Kreiselheuer	89		5.2	Gelenkwellen	109
4.2.2	Kreiselschwader	89		5.2.1	Anpassen und Anbau einer Gelenkwelle	109
4.2.3	Radrechwender	89		5.2.2	Vermeidbare Beschädigungen während des Betriebes an Profilrohren und Kreuzgelenken	109
4.3	Ladewagen	90				
4.4	Pressen	92				
4.5	Feldhäcksler	93				
4.5.1	Schleifen der Häckslermesser	94		5.2.3	Kürzen einer Gelenkwelle	113
4.5.2	Einwintern des Häckslers	95		5.2.4	Demontage und Montage des kompletten Unfallschutzes	113
4.6	Spezialmaishäcksler	95				
4.7	Mähdrescher	96		5.2.5	Montageanleitung für Kreuzgelenke mit Nadellager	115
4.7.1	Inbetriebnahme und tägliche Wartung	96				
4.7.2	Schneidwerk	96		5.2.6	Montage von Profilrohren	117
4.7.3	Haspel	97		5.2.7	Montage des Weitwinkelgelenkes	117
4.7.4	Zuführschnecke	98		5.2.8	Montage der Nockenratsche	117
4.7.5	Kettenelevator	98		5.2.9	Montage der Sternratsche	120
4.7.6	Dreschwerk	98		5.2.10	Montage einer Scheibenkupplung	120
4.7.7	Schüttler	99		5.2.11	Montage eines Stiftfreilaufes	124
4.7.8	Körnerelevator	99		5.3	Wartung und Reparatur von Rollenketten	124
4.7.9	Motor	100				
4.7.10	Hydraulik	101		5.3.1	Spannen von Rollenketten	125
4.7.11	Einwintern	101		5.3.2	Montage	126
4.8	Zuckerrübenernter	102		5.3.3	Reparatur	127
4.8.1	Bunkerköpfroder	102		5.3.4	Verkürzen um ein Glied	128
4.8.2	Lenkautomatik	102		5.3.5	Verlängern um ein Glied	128
4.8.3	Putzschleuder	103		5.4	Antriebsriemen	129
4.8.4	Bunker	103				
4.8.5	Hydraulik	103		**6**	**Das elektrische Lichtbogenschweißen**	**131**
4.8.6	Hinweise für das Einwintern	103		6.1	Wahl eines Schweißgerätes	131
4.9	Futterrübenernter	103		6.2	Schweißplatzausrüstung mit Zubehör	132
4.9.1	Ziehvorrichtung	103				
4.9.2	Schneidvorrichtung	104		6.3	Schweißstromanschluß und Absicherung	132
4.10	Kartoffelernter	104				
4.10.1	Schleuderradroder	104		6.4	Die Technik der Handschweißung	133
4.10.2	Vorratsroder	104		6.4.1	Material-Erkennen	133
4.10.3	Siebkettenroder	104		6.4.2	Wahl und Anwendung von Handschweißelektroden	133
4.10.4	Kartoffelsammelroder	104				
				6.4.3	Die Aufgaben der Umhüllung	133
5	**Wartung von Maschinenzubehör und anderen Geräten**	**106**		6.4.4	Kurzbezeichnung der Umhüllungsdicke	133
5.1	Aus- und Einbau von Wälzlagern und Wellendichtungen	106		6.4.5	Titandioxid-Typ (Ti)	134
				6.4.6	Erzsaurer Typ (Es)	134
				6.4.7	Oxidischer Typ (Ox)	134
5.1.1	Radlager	106		6.4.8	Kalkbasischer Typ (Kb)	134

6.4.9 Zelluloser-Typ (Ze) 134	6.4.16 Vorbereiten und Schweißen von Stumpfnähten 138
6.4.10 Sonder-Typ (So) 134	6.4.17 Brennschneiden mit Handschweißelektroden 139
6.4.11 Kennzeichnung der Handschweißelektroden 134	6.4.18 Die Graugußkaltschweißung 139
6.4.12 Material- und Schweißnahtvorbereitung 135	6.4.19 Zur Unfallverhütung beim Schweißen 140
6.4.13 Nahtformen 136	
6.4.14 Schweißübungen 137	
6.4.15 Auftragsschweißung in der Wannenlage 137	Sachregister 142

Bildquellen

Fa. Bosch, 7000 Stuttgart 30: Abb. 12
Fa. Claas, 4834 Harsewinkel: Abb. 50–52, 157–160, 162–164, 174, 176–182, 192–194
Fa. Continental: Abb. 75 (Tabelle), 79–84
Fa. Fendt, 8952 Marktoberdorf: Abb. 5, 8, 29–33, 35, 40, 58, 151, 152
Fa. IHC (Int. Harvester Company), 4040 Neuss: Abb. 3
Fa. Filterwerk Mann & Hummel, 7140 Ludwigsburg: Abb. 4, 9
Fa. Kleine, 4796 Salzkotten: Abb. 184, 185
Fa. Mengele, 8870 Günzburg: Abb. 95, 161, 170–172, 264, 265
Fa. Rau, 5850 Hohenlimburg: Abb. 99, 102

Fa. Solo, 7032 Sindelfingen 6 (Maichingen): Abb. 128
Fa. Stihl, 7050 Waiblingen-Neustadt: Abb. 111–119, 121–125, 129, 131
Fa. Walterscheid, 5204 Lohmar: Abb. 199, 200, 202, 203, 207–218, 220–223, 235–250, 252–260
Fa. Winkelhofer, 8000 München 70: Abb. 262, 266–280

Alle übrigen Bilder und Zeichnungen von Josef Drexel

Fa. Hella: Störungstabellen der Elektrischen Anlage
Fa. IHC: Störungstabellen – Motor, Hydraulik, Lenkung
Fa. Rau: Störungstabelle – Feldspritze

Allgemeines

Jede Wartungs- und Reparaturarbeit an Schleppern und Landmaschinen setzt gründliche Reinigung voraus.

Diese Arbeit führt man am besten mit Kaltreiniger durch (z.B. Henkel). Mit der richtigen Mischung von Reinigungsmittel und Dieselkraftstoff (1:4) wird die Maschine eingesprüht oder eingepinselt. Nach längerem Einwirken (ca. 10–15 min) lassen sich der aufgeweichte Schmutz und die verkrusteten Ölrückstände mit einem kräftigen Wasserstrahl lösen.

Bei der Reinigung des Schleppers muß der Motor abgestellt und abgekühlt sein.

Damit die blanken Teile und die Lager nicht rosten, sind diese anschließend gewissenhaft abzuschmieren und mit Konservierungsöl (z. B. Rustban–Esso) einzupinseln. Beim Abschmieren muß das Fett sichtbar aus den Lagerstellen austreten. Tritt das Fett schon am Schmiernippel aus, ist dies ein Zeichen dafür, daß die Abdichtung zwischen Fettpressenkopf und Nippel schlecht oder das Fett in der Lagerstelle verkrustet ist.

Ist die Abdichtung schlecht, hilft im Notfall ein Leinenlappen, den man beim Pressen zwischen Fettpressenkopf und Nippel legt. Bei Verhärtung des Fettes muß der Schmiernippel ausgebaut werden. Schwer zugängige gerade Nippel ersetzt man durch Winkelnippel.

Schmiernippel ohne Sechskantkopf sind eingepreßt und werden durch mehrmaliges Drehen mit einer Kombi- oder Beißzange gelöst und herausgezogen. Der Nippel wird mit einem gut passenden Rohr bzw. Steckschlüssel wieder eingeschlagen.

Bei Schraubnippeln ist darauf zu achten, daß sie nicht überdreht werden. Ist der Nippel durch zu starkes Anziehen abgebrochen, hilft man sich am schnellsten mit einem passenden Schraubenausdreher. Dieser wird durch Linksdrehen in die Nippelbohrung eingeschraubt und das Bruchstück dabei herausgedreht.

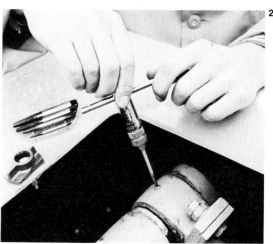

Abb. 1. 6teiliger Schraubenausdreher — Satz mit umstellbarer Knebelratsche.
Abb. 2. Nachdem man den Nippelrest angebohrt hat, wird dieser mit dem passenden Schraubenausdreher durch Linksdrehen herausgeschraubt.

1 Wartung von Schleppern und Anhängern

Laufende und rechtzeitige Wartung ist billiger als die meist folgende Reparatur.

1.1 Schlepper

1.1.1 Ölkontrolle und Ölwechsel

Der Dieselmotor im Schlepper arbeitet im Viertaktverfahren und benötigt zur Schmierung zusätzlich Motoröl, welches im Kurbelgehäuse untergebracht ist. Mittels einer Pumpe wird das Öl an die einzelnen Schmierstellen gefördert. Bei den Verbrennungsvorgängen im Motor wird Öl verbrannt, deshalb nimmt der Ölstand im Motor ab. Dieser Verbrauch kann je nach Belastung des Motors über der zulässigen Grenze liegen.

Kontrolliere täglich den Ölstand und fülle, wenn nötig, Öl nach.

Die Ölstandskontrolle wird bei abgestelltem Motor und ebenem Stand des Schleppers durchgeführt. Dabei darf das Öl die Minimummarkierung am Meßstab nicht unterschreiten. Da das Öl aber nur eine begrenzte Zeit voll schmierfähig ist, wird es notwendig, es in den vom Hersteller vorgeschriebenen Abständen zu wechseln. Meist ist das eine Zeitspanne von 100–200 Betriebsstunden. Damit beim Ablassen des Motoröls keine Rückstände im Kurbelgehäuse verbleiben, muß diese Arbeit gemacht werden, solange der Motor warm ist. Den Ölwechsel sollte man deshalb gleich nach dem Einsatz durchführen.

Nachdem die Umgebung der Ölablaßschraube gründlich gereinigt ist, wird die Schraube mit einem gut passenden Ringschlüssel gelöst.

Bei wassergekühlten Motoren ist es zweckmäßig, die Ölablaßschraube langsam auszudrehen, um sie nach dem letzten Gewindegang schräg halten zu können. Dabei muß man darauf achten, ob nicht vor dem Öl Wasser austritt. Trifft das zu, ist dies ein Zeichen dafür, daß eine Abdichtung vom Kühlsystem zum Motor undicht ist oder eine Beschädigung am Motor selbst vorliegt. Bei dieser Feststellung muß vor der weiteren Inbetriebnahme der Fachmann zu Rate gezogen werden.

Ist das Öl restlos ausgelaufen, wird die Ablaßschraube mit einem neuen Dichtring versehen und wieder fest eingeschraubt. Dann wird das vorgeschriebene Öl aufgefüllt, bis der Meßstab den richtigen Ölstand anzeigt.

1.1.2 Ölfilter

Je nach Hersteller und Type des Motors sind verschiedene Ölfilterarten ein- oder angebaut. Diese dürfen entweder gereinigt oder müssen gegen neue ausgetauscht werden.

Abb. 3. Die Kerben (1 u. 2) am Meßstab zeigen den Ölstand an.

Der Spaltfilter, welcher noch in älteren Motoren eingebaut ist, wird mit Dieselkraftstoff gründlich gereinigt und mit Preßluft ausgeblasen. Er kann, solange er nicht beschädigt ist, immer wieder verwendet werden. Ist der Spaltfilter liegend angeordnet, muß man beim Einbau darauf achten, daß die Reinigungsbürsten nach unten zeigen. Bei falschem Einbau ist die Selbstreinigung in Frage gestellt. Werden die Reinigungsbürsten nicht durch betätigen des Gas- oder Kupplungspedals automatisch weitergedreht, muß man sie täglich ein- bis zweimal mit der Hand durchdrehen.

Der Wechselfilter mit geschlossenem Gehäuse hat einen sternförmig gefalteten Papiereinsatz oder eine Faserpackung. Ist der Einsatz verschmutzt, wird der Wechselfilter gegen einen neuen ausgetauscht. Das ist die sicherste Filterpflege.

Der Gummiring, der im Filtergehäuse eingebördelt ist, muß vor dem Einbau des Filters zur besseren Abdichtung mit Öl benetzt werden.

Nachdem der Sitz am Motorblock gesäubert ist, wird der Wechselfilter von Hand kräftig angezogen. Es dürfen hierzu keine Werkzeuge verwendet werden.
Ein weiterer Wegwerffilter ist die Papiersternpatrone, die in einem Ölbecher sitzt. Bei jedem Patronenwechsel muß man den Ölbecher gründlich mit Dieselkraftstoff auswaschen. Es ist ratsam, nach jeder Filterpflege oder nach dem Wechsel der Patrone, einen neuen Dichtring einzusetzen. Diese beiden Wechselfilterarten müssen erstmals nach ca. 30 Betriebsstunden und dann bei jedem zweiten Ölwechsel (nach ca. 300 Betriebsstunden) gegen neue ausgetauscht werden.

Wechselfilter und Papiersternpatronen dürfen auf keinen Fall gereinigt werden.

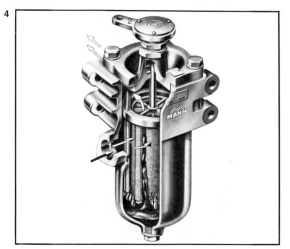

Abb. 4. Spaltfilter, die nicht automatisch weiter gedreht werden, muß man je nach Einsatz des Schleppers täglich mehrmals von Hand durchdrehen.
Abb. 5. Ist Wechselfilter (1) verschmutzt, darf dieser nur gegen neue Original-Ersatzteile ausgetauscht werden.
Abb. 6. Vor dem Abschrauben bzw. Wechseln der Filter ist eine gründliche Reinigung der Umgebung von besonderer Wichtigkeit.

1.1.3 Luftfilter

Da der Motor zur intensiven Verbrennung von 1 Liter Kraftstoff ca. 10 000 Liter Luft (10 m³) benötigt, muß der Luftfilter besonders gepflegt werden, weil nur das richtige Kraftstoffluftgemisch bei höchster Leistung einen normalen Kraftstoffverbrauch gewährleistet.

In der Landwirtschaft beträgt der Staubgehalt bei verschiedenen Arbeiten bis zu 0,2 g/m³ Luft. In ungünstigen Fällen, wie z. B. beim Mähdrusch, kann der Staubanteil bis zu 20 g/m³ betragen. In solchen Fällen muß der Luftfilter täglich mehrmals gereinigt werden.

Je nach Motortype werden unterschiedliche Filterarten verwendet:

a) Ölbadluftfilter,
b) Ölbadluftfilter mit Zyklon,
c) Trockenluftfilter.

Die Pflege der angeführten Filter ist ebenfalls verschieden, sie muß genau nach Bedienungsanleitung erfolgen und sorgfältig durchgeführt werden. Beim Ölbadluftfilter darf der Einsatz, da es sich um einen Kokos- oder Kunstfasereinsatz handelt, mit Dieselkraftstoff gereinigt werden; gut ausblasen!

Abb. 7. Eine Sprühpistole, am Kompressor angeschlossen, eignet sich für die Reinigung von Luftfiltern mit Kokos- oder Kunstfasereinsätzen am besten.
Abb. 8. Beim Ölbadfilter ist darauf zu achten, daß der Ölstand nur bis zu den am Ölbecher angezeigten Markierungen (Pfeile) reicht.

Diese Filtereinsätze dürfen nicht mit Benzin gereinigt werden. Der Dieselmotor würde sonst an Stelle von reiner Luft ein Gas-Luft-Gemisch ansaugen. Das könnte zum Überdrehen des Motors führen. Ein Abstellen des Motors wäre nicht mehr möglich, und er würde Schaden nehmen.

Der Ölbehälter wird nach gründlicher Reinigung bis zur angegebenen Markierung mit dem selben Öl gefüllt, welches man in das Kurbelgehäuse des Motors gibt. Auf genauen Ölstand ist auch hier zu achten, da der Motor sonst bei zu hohem Ölstand mit der Luft Öl ansaugt, was ebenfalls

zum Überdrehen führen kann. Ist zu wenig Öl im Becher des Luftfilters, wird die angesaugte Luft ungenügend gereinigt und die feinen Staubteilchen gelangen somit in den Verbrennungsraum. Sie bilden in Verbindung mit dem Schmieröl des Motors eine feine Schleifpaste, die zum vorzeitigen Verschleiß an Zylinderlaufbuchsen, Kolben und an allen sich drehenden Teilen führt.

Beim Zusammenbau des Luftfilters ist darauf zu achten, daß der Ölbecher gut abdichtend am Gehäuse sitzt, da der Motor sonst die Luft ungereinigt ansaugt.

Bei Motoren die einer sehr starken Verschmutzung ausgesetzt sind, wird dem Luftfilter noch ein sogenannter Zyklon vorgesetzt. Er zwingt durch seine Konstruktion die Luft in eine kreisende Bewegung, wobei die Schwerteile nach außen geschleudert werden; damit wird eine Vorabscheidung bewirkt. Je nach Staubanfall muß der Zusatzbehälter täglich mehrmals gereinigt werden. Hat der Schlepper einen Trockenluftfilter (Mikropatrone), wird dieser nur ausgewechselt und darf nicht gereinigt werden. Den Filterbehälter sollte man je nach Arbeit und Jahreszeit nach Anweisung der Betriebsanleitung öfter säubern. Nach längerem

Abb. 9. Der Vorabscheider „A" ist je nach Staubanfall täglich zu reinigen.
Abb. 10. Vor dem Filterwechsel Umgebung säubern.
Abb. 11. Opt. Warneinrichtung „A" täglich kontrollieren.

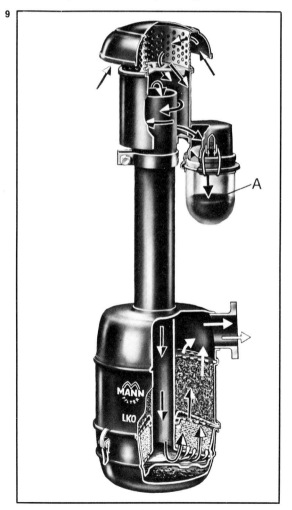

Einsatz des Schleppers bei ungünstigen Verhältnissen (sehr viel Staubanfall) sollte die Patrone schon vor der vorgeschriebenen Mindestzeit gewechselt werden.

Beschädigte Filter sind auf jeden Fall durch neue zu ersetzen.

Verschiedene Schlepper sind mit einer Signaleinrichtung ausgestattet, welche bei zu starker Verschmutzung des Luftfilters ein akustisches oder optisches Zeichen gibt. Die akustische Einrichtung kann auch mit der Hupe gekoppelt sein. Tritt diese Anlage in Funktion, wird es höchste Zeit, den Filter nach der Betriebsanleitung zu reinigen oder auszutauschen.

1.1.4 Die Kraftstoffanlage

Der Aufbau der Dieseleinspritzanlage erweckt bei vielen Schlepperfahrern den Eindruck, daß es sich hier um eine sehr komplizierte Einrichtung handelt. Aus diesem Grunde wird die Kraftstoff- und Einspritzanlage mangelhaft, ja z. T. gar nicht gepflegt.

Als Grundlage für fachmännische Pflege und Bedienung sind einige Kenntnisse über den Aufbau und die Funktion des kompletten Systems erforderlich. Für die vollkommene Verbrennung des Kraftstoffes ist eine sehr feine Zerstäubung notwendig. Der Dieselkraftstoff muß also mit sehr hohem Druck in den Verbrennungsraum eingespritzt werden, das sind z. T. bis zu 200 bar (200 atü). Genaue Passungen der Pumpenelemente und Düsen und Schutz vor Verunreinigung sind deshalb von größter Wichtigkeit.

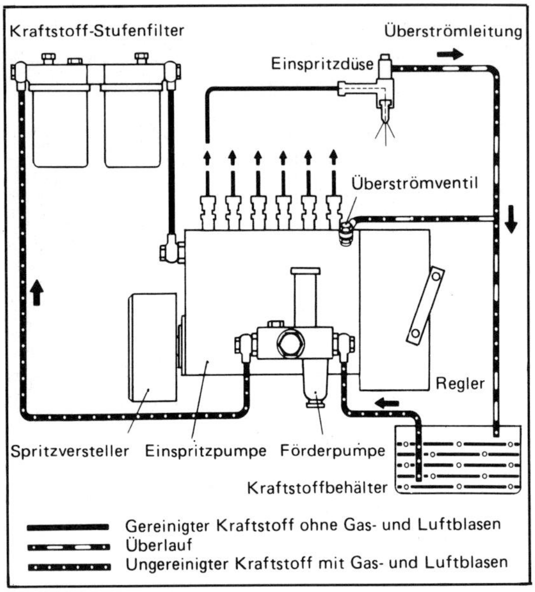

Reinheit des Kraftstoffes und Sauberkeit bei Montagen sind gute Mittel gegen hohen Verschleiß an der Einspritzpumpe und den Düsen.

Immer wieder hört man die Meinung, der robust gebaute Dieselmotor sei unempfindlich; ein Trugschluß, der sich spätestens bei der ersten Motorreparatur zeigt. Oft wird schon längere Zeit über erhöhten Kraftstoffverbrauch geklagt, der Motor läuft aber mit schwarzer Rauchentwicklung weiter, ohne daß man sich dabei Gedanken macht. Die Ursache ist unverbrannter Kraftstoff in den Auspuffgasen als Folge von Verschleiß an der Einspritzanlage und den Düsen, hervorgerufen durch Schmutzpartikelchen im Kraftstoff.

Wartungsarbeiten

Die Lebensdauer und Zuverlässigkeit der Einspritzanlage hängt also im weitesten Sinne von der Reinheit des Kraftstoffes ab.

Die richtige Lagerung des Kraftstoffes ist wesentlich, um sauberen Kraftstoff in den Fahrzeugtank zu bekommen.

Dieselfässer bis zu 300 Liter dürfen in der Schleppergarage gelagert werden. Sind sie mit einem Auslaufhahn versehen, ist darauf zu achten, daß das Faß schräg steht und der Auslauf höher liegt. Wird mit einer Steckpumpe getankt, darf das Standrohr nicht bis zum Faßboden reichen.

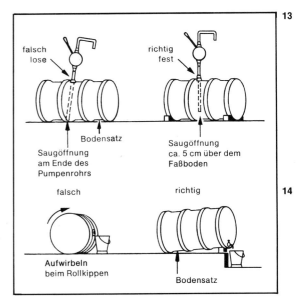

Abb. 12. Aufbau der Dieseleinspritzanlage.
Abb. 13/14. Nur richtige Lagerung und fachmännische Entnahme gewährleisten schmutzfreien Kraftstoff.

Grundsätzlich sollte aus frisch gefüllten Fässern nicht gleich getankt werden, da die Schmutzpartikelchen noch in der Schwebe sind. Man sollte mindestens einen Tag warten.

Fässer nicht im Freien lagern, da sich durch Temperaturschwankungen Kondenswasser bildet.

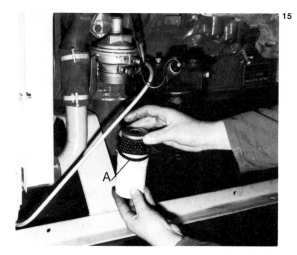

Im Schlepper wird der Kraftstoff vor der Einspritzanlage nochmals gründlich gereinigt; das kann durch folgende Filterarten geschehen:
1. Filzplattenfilter
2. Filzrohrfilter
3. Mikropatrone

Filzplatten- und Filzrohrfilter können gereinigt werden. Man sprüht den verschmutzten Filter mit Dieselkraftstoff ein und bläst ihn von innen nach außen durch. Solang die Kraftstoffreinigung gut ist und das Filtermaterial keine Beschädigung zeigt, dürfen diese Filter 3 bis 4 mal gereinigt werden. Nach spätestens 1000 Betriebsstunden sind sie gegen neue auszuwechseln (etwa alle 2 Jahre). Weniger Arbeit verursacht die Mikropatrone (Wechselfilter). Der Einsatz wird nach Verunreinigung nur ausgebaut und durch einen neuen ersetzt. Da sich der genaue Zeitpunkt für den Wechsel des Kraftstoffilters nicht bestimmen läßt, ist es ratsam, diesen nach ca. 1000 Betriebsstunden, zumindest aber einmal im Jahr durchzuführen.

Beim Filterwechsel sind die Filterbecher gründlich zu reinigen.

Außer den Filtern braucht auch die bei vielen Motoren eingebaute Kraftstofförderpumpe mit Membrane ihre Wartung. Das unter dem Deckel eingelegte Perlon- oder Kupfersieb wird in Abständen von ca. 200–300 Betriebsstunden herausgenommen, mit Dieselkraftstoff gereinigt und ausgeblasen. Die Ablagerung von Rost und Kondenswasser im Gehäuse löst man mit einem Pinsel und sprüht die Pumpe anschließend reichlich durch. Der Vorreiniger bzw. Wassersack an der Kraftstofförderpumpe muß ebenfalls von Zeit zu Zeit entleert und gesäubert werden. Beim Zusammen-

Abb. 15. Beschädigte Dichtringe „A" sofort auswechseln.
Abb. 16. Schmutz aus Kraftstofförderpumpe entfernen.
Abb. 17. Ausgebautes Sieb mit Kompressor reinigen.

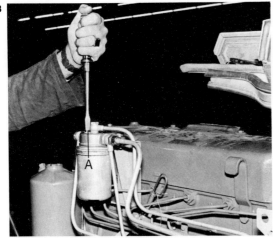

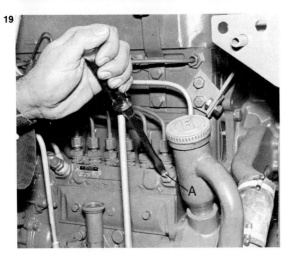

bau ist darauf zu achten, daß das Sieb richtig eingelegt und der Deckel mit einem neuen Dichtring versehen wird. Vorteilhaft ist es, den Kraftstofftank jährlich einmal zu entleeren und zu spülen.

Entlüften der Kraftstoffanlage
Die Kraftstoffanlage sollte nach jeder Pflege entlüftet werden, damit man die Batterie durch länger dauerndes Durchdrehen des Motors nicht unnötig belastet. Man löst zunächst die Entlüftungsschraube am Filterdeckel und wartet solange, bis der Dieselkraftstoff blasenfrei austritt. Bei verschiedenen Schleppern ist es notwendig, mit der dafür bestimmten Förderpumpe den Kraftstoff anzusaugen. Je nach Type muß auch an der Einspritzpumpe entlüftet werden. Hierbei wird der Motor mit dem Anlasser solange gedreht, bis der Dieselkraftstoff an den Entlüftungsschrauben blasenfrei austritt. Anschließend ist die komplette Einspritzanlage gründlich zu säubern, um etwa vorhandene Undichtigkeiten feststellen zu können. Springt der Motor nach dem Entlüften von Kraftstoffilter und Einspritzpumpe nicht an, müssen die Leitungen an den Einspritzdüsen gelöst werden. Nach mehrmaligem Durchdrehen des Motors mit dem Anlasser muß der Dieselkraftstoff an den Leitungsenden austreten. Während der Anlasser noch dreht, werden die Leitungsverschraubungen der Reihe nach wieder festgezogen.

Bei verschiedenen Reiheneinspritzpumpen muß der Ölstand im Nockenraum kontrolliert werden. Dies erfolgt entweder durch das Überlaufrohr, die Ölstandskontrollschraube oder mit dem dafür bestimmten Meßstab.

Die Kontrolle sollte wöchentlich einmal erfolgen. Zum Auffüllen wird die Entlüftungsschraube abgenommen und soviel Motoröl aufgefüllt bis die vorgeschriebene Menge erreicht ist. Da sich das Öl im Laufe der Zeit durch den Leckkraftstoff verdünnt, muß das Öl gelegentlich gewechselt werden. Am besten verbindet man diese Arbeit mit dem Motorölwechsel. Hierbei ist gleichzeitig der Entlüftungsfilter nach Betriebsanleitung zu reinigen.

Abb. 18/19. Entlüftungsschrauben „A" lösen, bis der Kraftstoff blasenfrei austritt.
Abb. 20. Verschraubungen gleichmäßig anziehen.

1.1.5 Ventilspiel einstellen

Das Ventilspiel beeinflußt die Steuerzeiten. Deshalb sind beim Viertakt-Motor volle Leistung und einwandfreie Laufruhe nur bei richtiger Einstellung gewährleistet. Das Ventilspiel muß deshalb von Zeit zu Zeit kontrolliert werden. Dazu benötigt man eine Ventileinstellehre (Spion).

Die Kontrolle oder Korrektur des Ventilspiels muß nach der Betriebsanleitung bei kaltem Motor erfolgen.

Nachdem der Ventildeckel abmontiert ist, dreht man den Motor von Hand bzw. mit einem passenden Schlüssel am Keilriemenrad der Kurbelwelle in der vorgeschriebenen Drehrichtung durch, bis sowohl das Einlaßventil als auch das Auslaßventil des ersten Zylinders geöffnet ist (Ventilüberschneidung). Im allgemeinen beginnt die Zylinderzählung mit der Ziffer 1 an der Kupplung. Auf alle Fälle ist die Montageanleitung zu beachten. Von dieser Stellung ausgehend wird noch eine ganze Umdrehung gemacht. Der Kolben befindet sich jetzt im oberen Todpunkt (OT) des Verdichtungshubes. Nun werden die Kontermuttern der Kipphebel vom Ein- und Auslaßventil mit einem Ringschlüssel gelöst und die vorgeschriebene Ventileinstellehre zwischen Ventilschaft und Kipphebel geschoben. Meist beträgt das Spiel der Einlaßventile 0,15–0,20 mm und das der Auslaßventile

Abb. 21. Eingelegte Ventillehre muß spielfrei sein.

0,20–0,30 mm (die technischen Angaben der Bedienungsanleitung sind zu beachten).
Mit einem Schraubenzieher stellt man die Einstellschrauben solange nach, bis die Kipphebel spielfrei sind, aber die Ventileinstellehre dennoch leicht zu bewegen ist. Die Kontermuttern an den Kipphebeln werden anschließend wieder fest angezogen. Die Ventileinstellehre darf erst bei festgezogenen Kontermuttern herausgenommen werden, da sich das Spiel beim Festziehen sonst noch verändern könnte. Diese Einstellung muß bei jedem Zylinder durchgeführt werden. Dabei ist der Motor jedesmal solange durchzudrehen, bis Ein- und Auslaßventil des jeweils einzustellenden Zylinders Spiel haben (Ende des Verdichtungstakts).

Sind die Ventile bei allen Zylindern richtig eingestellt, so ist nach kurzem Lauf des Motors das Ventilspiel nochmals zu kontrollieren.

Die Ventildeckeldichtung muß ausgewechselt werden, wenn sie verhärtet oder schon zu stark zusammengepreßt ist. Undichte Ventile machen sich durch starken Kompressionsabfall bemerkbar und müssen nachgeschliffen werden. Diese Arbeit überläßt man am besten dem Fachmann. Eine Messung mit dem Kompressionsdruckprüfer ist ratsam, wenn die Motorleistung merklich abfällt.

1.1.6 Kühlung

Wärmeenergie, die nicht in mechanische Arbeit umgesetzt werden kann, muß durch die Abgase, durch die Luft- oder Wasserkühlung abgeführt werden. Bei ungenügender Wärmeabfuhr versagt die Schmierung und die Kolben setzen sich im Zylinder fest (Kolbenfresser).
Der Keilriemen für den Lüfter muß immer seine vorgeschriebene Spannung haben. Der Keilriemen soll sich unter dem Druck des Daumens etwa eine Daumenbreite durchdrücken lassen. Ist er zu locker, wird er mittels einer dafür bestimmten Spannrolle oder mit der Lichtmaschine nachgespannt. Ausgefranste oder durch Öl aufgequollene Keilriemen sind auszutauschen.

Keilriemen sollten nie mit einem Schraubenzieher oder einem ähnlichen Montiereisen aufgezogen werden.

Richtig ist, den Keilriemen bei gelöster Spannvorrichtung mit der Hand auf die Scheibe aufzulegen. Der Lüfter, die Luftansaug- und Luftleitwege sowie die Kühlrippen müssen immer sauber gehalten werden. Ein Verbrennungsmotor braucht zur intensiven Kühlung ca. 50–60 m³ Luft pro PS/h.

Luftgekühlte Motoren
Die Reinigung des luftgekühlten Motors wird am schnellsten mit einem Kompressor durchgeführt. Es ist zweckmäßig, die Zylinderrippen mit einer P3-Lösung einzusprühen und anschließend mit einem kräftigen Wasserstrahl zu reinigen. Dadurch werden die Ölrückstände von den Kühlrippen restlos abgespült, und ein Festkleben von Staub wird vermieden.

Die Reinigung mit dem Wasserstrahl darf nie bei laufendem und betriebswarmem Motor erfolgen.

Ein laufender Motor könnte über den Luftfilter Wasser ansaugen und überdrehen. Der Motor wäre zudem noch sehr hohen Temperaturschwankungen ausgesetzt, was ebenfalls eine Beschädigung des Motors zur Folge haben könnte.

Wassergekühlte Motoren
Auch Motoren mit Wasserkühlung brauchen eine laufende Wartung, denn nur ein sauberes Kühlsystem gewährleistet eine einwandfreie Kühlung des Motors. Durch Ablagerung von Spreu und Staub sowie sonstiger Verschmutzung in den Zwischen-

Abb. 22. Prüfen der Spannung durch Daumendruck.
Abb. 23. Kühlerreinigung mit Hochdruckreiniger.

räumen des Kühlers wird die Kühlung stark vermindert. Deshalb müssen die Lamellen des Kühlers alle 200–300 Betriebsstunden mit dem Kompressor oder einem kräftigen Wasserstrahl gründlich gereinigt werden. Mit P3 lassen sich auch hier die öligen und verschmutzten Ablagerungen entfernen. Die Reinigung der Kühlerlamellen sollte vom Motor her nach außen erfolgen. Alle 2 Jahre ist das Kühlsystem gründlich durchzuspülen. Hierzu eignet sich P3, in heißem Wasser aufgelöst, besonders gut.
Nach dem Einfüllen dieser fettlösenden Flüssigkeit läßt man den Motor etwa $1/2$ Stunde mit mittlerer

Drehzahl laufen, damit das Mittel gut einwirken kann. Nachdem sich der Motor etwas abgekühlt hat, läßt man die Flüssigkeit wieder ab. Es ist darauf zu achten, daß die z.T. versteckten Wasserablaß-Schrauben am Motor auch geöffnet werden. Nun wird das Kühlsystem solange mit reinem Wasser durchgespühlt, bis dieses vollkommen klar ausläuft. Nachdem sämtliche Ablaßhähne wieder verschlossen sind, wird in der frostsicheren Zeit bis zur Unterkante des Einfüllstutzens sauberes Wasser aufgefüllt. Nach kurzem Lauf des Motors wird der Wasserstand nochmals kontrolliert und, wenn nötig, Wasser nachgefüllt.

Ist das Kühlsystem stark verkalkt, was sich meist durch überhöhte Motortemperatur bemerkbar macht, muß eine gründliche Reinigung durchgeführt werden. Dazu verwendet man das mineralsäurefreie Mittel „Ephetin", welches in Fachwerkstätten erhältlich ist. Säurehaltige Mittel sind für Kühlsysteme nicht geeignet. Nach dieser Generalreinigung stellt man oft fest, daß der Kühler plötzlich undichte Stellen hat. Hierbei kann nur der Fachmann Abhilfe schaffen, indem er den Kühler lötet.

Die Mischung soll einen Frostschutz bis 248 °Kelvin (−25 °C) bieten.

Um im Kühlsystem eine Rostbildung zu vermeiden, ist es ratsam, dem Kühlwasser immer Frostschutzmittel mit Korrosionsschutz in der vom Hersteller vorgeschriebenen Menge beizumischen.

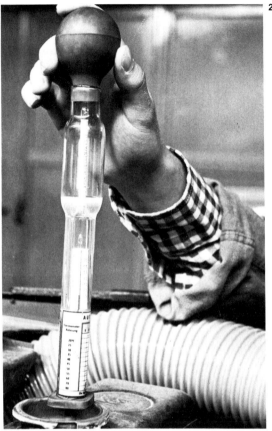

Abb. 24. Prüfen der Kühlerflüssigkeit.

	Gefrierschutz		Inhalt des Kühlsystems in Liter										
	gespindelt K	gemischt K	5	6	7	8	9	10	11	12	13	14	15
Neufüllung	273 K	253 K (−20 K)	1,7	2,0	2,3	2,7	3,0	3,3	3,7	4,0	4,3	4,7	5,0
		248 K (−25 K)	2,0	2,4	2,8	3,2	3,6	4,0	4,4	4,8	5,2	5,6	6,0
		243 K (−30 K)	2,2	2,6	3,1	3,5	4,0	4,4	4,8	5,3	5,7	6,2	6,6
Aufmischung	268 K (−5 C)	253 K (−20 C)	1,2	1,5	1,7	1,9	2,2	2,4	2,7	2,9	3,2	3,4	3,7
		248 K (−25 C)	1,6	2,0	2,3	2,6	2,9	3,2	3,5	3,8	4,1	4,4	4,7
		243 K (−30 C)	1,8	2,2	2,5	2,9	3,3	3,6	4,0	4,3	4,7	5,1	5,4
	263 K (−10 C)	253 K (−20 C)	0,8	1,0	1,2	1,3	1,5	1,6	1,8	2,0	2,1	2,3	2,4
		248 K (−25 C)	1,3	1,6	1,8	2,0	2,3	2,5	2,7	3,0	3,2	3,4	3,7
			1,5	1,8	2,1	2,4	2,7	3,0	3,3	3,5	3,8	4,1	4,4
	258 K (−15 C)	253 K (−20 C)	0,4	0,5	0,6	0,7	0,8	0,8	0,9	1,0	1,1	1,1	1,2
		248 K (−25 C)	0,8	1,0	1,2	1,3	1,5	1,6	1,8	2,0	2,1	2,3	2,4
		243 K (−30 C)	1,1	1,3	1,5	1,7	1,9	2,2	2,4	2,6	2,8	3,0	3,2
	253 K (−20 C)	248 K (−25 C)	0,5	0,6	0,7	0,8	0,9	0,9	1,0	1,1	1,2	1,3	1,4
		243 K (−30 C)	0,8	0,9	1,0	1,2	1,3	1,5	1,6	1,8	1,9	2,1	2,2

Nach kurzem Lauf des Motors zur Kontrolle nochmals spindeln! Kommt das Kühlsystem nicht auf die übliche Betriebstemperatur von ca. 358° Kelvin (+85°C), kann der Fehler auch am Kühlwasserregler (Thermostat) liegen. Durch eine Verunreinigung oder etwaige Beschädigung schließt das Ventil nicht mehr ganz, und das Kühlwasser ist ständig im großen Umlauf. Bei dieser Feststellung sollte man den Kühlwasserregler ausbauen und überprüfen. Hierzu wird der Thermostat so in einen Topf mit heißem Wasser gehalten, daß die Durchlaufrichtung (siehe Pfeil) nach oben zeigt. Das Ventil darf erst nach Erreichen von ca. 348–358 °K (+75–85 °C) öffnen und das Wasser durchfließen lassen. Macht der Kühlwasserregler früher auf, ist er entweder defekt oder nicht richtig eingestellt; deshalb muß der Thermostat gegen einen neuen ausgetauscht werden.

Beim Einbau des Thermostaten muß die Durchflußrichtung stimmen.

Jährlich einmal sollten die Kühlwasserschläuche und die Klemmbänder kontrolliert werden. Poröse oder gequollene Schläuche sind gegen neue auszutauschen.

Wird eine Wasserpumpe einmal wegen Undichtigkeit oder sonstigen Störungen zerlegt, darf beim Abschmieren nur Spezialwasserpumpenfett verwendet werden. Meist sind die neuen Typen schon mit Kunststoffgleitlagern versehen.

1.1.7 Kupplung

Bei den meisten Schleppern wird für den Fahr- und Zapfwellenantrieb die Zweifach- oder Doppelkupplung verwendet.
Das Ausrücken der Mitnehmerscheiben erfolgt entweder durch einen Graphitring oder ein Ausrücklager. Da der Graphitring sehr gute Schmiereigenschaften besitzt, bedarf er keiner Wartung. Das Ausrücklager sollte halbjährlich mit Mehrzweckfett – Tropfpunkt ca. 433 °K (+160 °C) – abgeschmiert werden. Ein Fettpressenhub ist ausreichend, da ein Überschmieren des Drucklagers die Kupplungsbeläge verschmieren könnte. Verschiedentlich sind Ausrücklager auch dauergeschmiert und somit wartungsfrei. Klemmt der Pedalhebel oder geht er von selbst nicht mehr ganz zurück, sitzt die Pedalhebelwelle fest. Einige Tropfen Öl wirken oft Wunder. Es kann aber auch die Rückholfeder gebrochen oder gedehnt sein. Ist das der Fall, muß eine neue Feder eingehängt werden.
Rutscht die Kupplung durch, kann der Simmerring des hinteren Hauptlagers der Kurbelwelle oder das Getriebe undicht sein. Eine Öllache unter der Kupplungsglocke gibt die Gewißheit. Bei dieser Feststellung muß die Kupplung ausgebaut werden; diese Arbeit ist Sache des Landmaschinenfachmannes.

Kupplungsspiel einstellen

Das Kupplungspedal soll etwa 20–30 mm Spiel haben, das entspricht einem Leerweg von 2–3 mm

Abb. 25. Thermostat auf Funktion prüfen.
Abb. 26. Durchflußrichtung beachten und Schlauchverbindungen auf Dichtheit kontrollieren.

25

26

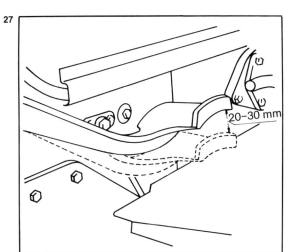
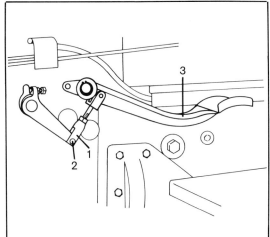

Abb. 27. Beträgt der Leerweg des Kupplungpedals mehr als 20-30 mm, muß eine neue Einstellung vorgenommen werden.

Abb. 28. Nach dem Entfernen von Bolzen „2" Gestänge „1" so einstellen, daß Pedal „3" richtigen Weg hat.

zwischen Graphitring (Ausrücklager) und Druckring. Zum Kontrollieren oder Einstellen des vorgeschriebenen Spiels drückt man das Pedal soweit nach unten durch, bis ein merkbarer Widerstand auftritt. Nach längerer Betriebszeit oder durch zu viel Schleifenlassen der Kupplung verringert sich das Spiel automatisch. Dadurch wird die Stellung des Kupplungshebels verändert, und der Graphitring oder das Ausrücklager liegen ständig an. Die Folge ist, daß die Federn der Druckplatte nicht mehr voll gegen die Mitnehmerscheibe drücken und die Kupplung rutscht. Das Schleifen der Kupplung bewirkt bei starkem Verschleiß eine überhöhte Erwärmung, was zum Ausglühen der Federn führen kann.

Das Kupplungsspiel ist laufend zu kontrollieren und gegebenenfalls nachzustellen.

Vergrößert sich der Leerweg, ist das auf Verschleiß am Ausrücker zurückzuführen. Meist wird dies dadurch hervorgerufen, daß man den Fuß während der Fahrt leicht auf dem Kupplungspedal stehen läßt. Die Kupplung kann nicht mehr ganz gelöst werden, und das Schalten wird erschwert. Auch in diesem Fall muß das Kupplungsspiel neu eingestellt werden. Dazu sind die Kontermuttern am Hebelgestänge zu lösen. Dann wird das Gestänge so lange verdreht, bis das vorgeschriebene Maß erreicht ist. Dabei mißt man den Abstand vom Trittbrett zur Pedaloberkante einmal im gelösten und dann in bis zum Widerstand durchgedrückten Zustand. Stimmt nun das Kupplungsspiel, sind die Kontermuttern wieder gewissenhaft anzuziehen. Ist diese Nachstellung wirkungslos, so muß die Kupplung mit Druckplatte ausgebaut und zerlegt werden.

Zu Montagearbeiten an der Kupplung sind meist Spezialwerkzeuge notwendig (Werkstattarbeit).

Hat der Schlepper eine unter Last schaltbare Zapfwelle, müssen die Einstellung der Kupplung nach den Montageanleitungen des jeweiligen Schlepperherstellers in der Fachwerkstätte durchgeführt werden.

Die bei manchen Schleppern eingebaute Flüssigkeitskupplung (Strömungskupplung) ist im allgemeinen wartungsfrei. Wird bei dieser eine Störung (z. B. großer Ölverlust) festgestellt, sollte man umgehend die Fachwerkstätte oder den Kundendienst zu Rate ziehen. Fehlt nur wenig Öl in der Strömungskupplung, kann man selbst nachfüllen. Der Schaulochdeckel an der Kupplungsglocke wird abgenommen und die Kupplung mit einem Hebel oder Schraubenzieher an den Rippen so lange gedreht, bis die Einfüllschraube, die auch als Kontrollschraube dient, erscheint.

und Wellen gespült werden. Da der Abrieb vor allem in der Einlaufzeit sehr groß ist, sollte man den ersten Ölwechsel schon nach 30–50 Betriebsstunden durchführen.

Das Öl ist im betriebswarmen Zustand abzulassen, damit es mit allen metallischen Ablagerungen restlos ausläuft.

Vor dem Ausschrauben der Ölablaßschraube muß ihre Umgebung gründlich gesäubert werden. Von besonderer Bedeutung ist das anschließende

Abb. 29. Einfüllschraube „A" auf Dichtheit prüfen.
Abb. 30. Ölstandskontrolle durch Markierung „A".

Arbeitsfolge:
1. Bereich der Einfüllschraube reinigen.
2. Schraube mit Innensechskantschlüssel lösen.
3. Vorgeschriebenes Öl bis zum Gewinderand auffüllen.
4. Schraube mit neuem Dichtring versehen und fest anziehen.

Das Drahtgitter des Luftleitbleches, das sich unter der Kupplungsglocke befindet, ist von Zeit zu Zeit zu reinigen, damit eine gute Kühlung der Turbokupplung gewährleistet ist. Es empfiehlt sich, das Öl in der Kupplung nach etwa 4000–5000 Betriebsstunden zu wechseln. Dazu müssen die Verschlußschraube nach unten gedreht und das Luftleitblech abgeschraubt werden.
Nachdem das Öl restlos ausgelaufen ist, schraubt man die Verschlußschraube wieder einige Gewindegänge ein, damit kein Schmutz in das Innere der Strömungskupplung gelangt. Dann wird die Verschraubung durch Drehen der Kupplung wieder in Einfüllstellung gebracht. Anschließend richtige Menge Öl auffüllen und, nachdem die Schraube eingedreht ist, Umgebung nochmals gründlich säubern. Ölsorte: SAE HD 10 oder SAE 10.

1.1.8 Getriebe

Schleppergetriebe haben in der Regel keine Ölfiltereinrichtung. Die metallischen Abriebteile müssen sich im Getriebeblock absetzen, was aber nicht ausschließt, daß dennoch kleine Metallteilchen mit dem Öl zwischen die Zahnflanken der Schalträder

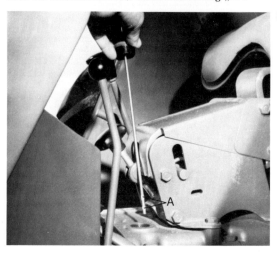

Durchspülen. Nachdem die mit einem neuen Dichtring versehene Ablaßschraube wieder fest eingeschraubt ist, wird das vom Hersteller vorgeschriebene Getriebeöl bis zur obersten Markierung des Meßstabes aufgefüllt. Ist die Einfüllschraube seitlich am Getriebeblock angeordnet, dient sie gleichzeitig der Ölstandkontrolle. In diesem Fall wird solange Öl aufgefüllt, bis es an der Öffnung sichtbar austritt. Damit ein gut glättendes Einlaufen der Zahnflanken ohne Riefenbildung gewährleistet wird, muß der zweite Ölwechsel bereits nach weiteren 100–200 Betriebsstunden vorgenommen werden. Dann sollte der Ölwechsel alle 1000–1500 Betriebsstunden, mindestens aber jährlich einmal, erfolgen, da das Öl auch durch Alterung an Schmierfähigkeit verliert.

Läßt sich das Getriebe schwer schalten, ist das oft auf mangelnde Schmierung der Schaltwellen und Schaltkulissen zurückzuführen. Zu geringer Ölstand ist meist die Ursache. Es kann aber auch eine falsch gewählte Ölsorte zum Verharzen geführt haben. Stellt man ein Herausspringen eines Ganges fest, ist der Fehler nicht nur an der Schaltkulisse zu suchen. Meistens tragen nicht einwandfrei gleitende Zahnradpaare die Hauptschuld. Zur Instandsetzung sollte man die Werkstatt aufsuchen, damit größere Schäden vermieden werden. Wird die Hydraulikanlage mit dem Öl vom Getriebe betrieben (kombinierte Anlage), ist grundsätzlich eine Filterpatrone eingebaut.

Die Filterpatrone muß, sofern es sich um einen Wechselfilter handelt, bei jedem Ölwechsel erneuert werden.

Weiter müssen bei der kombinierten Anlage vor dem Ölwechsel sämtliche außenliegenden Verbraucher und Hubzylinder ganz eingefahren sein, damit das gesamte Öl restlos ausläuft. Hierzu sind die Steuerhebel in Senkstellung zu bringen.

Bei diesen Arbeiten ist größte Sauberkeit geboten; sämtliche gelösten Schraubenverbindungen sind wieder mit neuen Dichtungen zu versehen.

Nachdem die vorgeschriebene Ölmenge aufgefüllt ist, läßt man den Schlepper kurze Zeit mit erhöhter Motordrehzahl laufen. Es empfiehlt sich, die Krafthebranlage hierbei mehrmals hintereinander auf Heben und Senken zu bringen. Anschließend werden sämtliche Verbraucher wieder auf Senken gebracht, der Ölstand nochmals kontrolliert und, wenn nötig, ergänzt. Hat die Hinterachse anstelle des direkten Antriebs einen Planetenantrieb oder eine Portalachse, muß auch hier das Öl nach den Anweisungen der Betriebsanleitung gewechselt werden. Wenn keine besondere Vorschrift besteht, wird der Ölwechsel mit dem Getriebeölwechsel verbunden. Beim Allradantrieb (Vorderradantrieb) und den beiden Nebentrieben gilt es ebenfalls den Ölwechsel zusammen mit dem Getriebeölwechsel, mindestens aber jährlich einmal, zu machen. Die Einfüllschrauben sind bei diesen beiden Antriebsarten gleichzeitig Kontrollschrauben.

Abb. 31. Einfüllschraube dient zur Ölstandskontrolle.
Abb. 32. Ablaß- und Einfüllschraube 1 und 2 bei Allrad.

1.1.9 Hydraulik

Damit die komplette Krafthebranlage immer störungsfrei arbeitet, ist peinliche Sauberkeit bei allen Pflege- und Reparaturarbeiten erforderlich.

Der Ölwechsel sollte erstmals nach 30 Betriebsstunden, dann regelmäßig jährlich einmal, mindestens aber alle 1000 Betriebsstunden erfolgen. Vor dem Ablassen des Öls muß die Hydraulikanla-

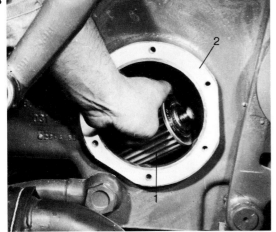

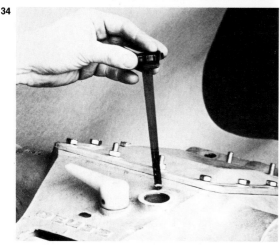

ge auf eine Betriebstemperatur von ca. 353 °K (+80 °C) gebracht werden. Das erreicht man entweder durch mehrmaliges Anheben und Senken eines Hydraulikverbrauchers unter Belastung oder gleich nach dem Einsatz.

Damit das Öl der kompletten Hydraulikanlage restlos auslaufen kann, müssen sämtliche Verbraucher in vollkommen abgesenktem Zustand sein. Hierzu sind alle Hebel der Steuergeräte auf Stellung „Senken" zu bringen.

Da die Verunreinigungen des Öls und die Ablagerungen von Gummirückständen im Hydrauliksystem sehr unterschiedlich sind, empfiehlt es sich, die Anlage durchzuspülen. Hierfür ist die vorgeschriebene oder empfohlene Hydraulikflüssigkeit zu verwenden. Dann werden die Hydraulik in Betrieb genommen und sämtliche Hebel betätigt, damit das Spülöl das ganze System durchfließt.

Nachdem man festgestellt hat, daß sämtliche Ablagerungen (Gummi- und Metallrückstände) restlos mit dem Spülöl ausgelaufen sind, werden die Filter des Systems gereinigt oder, wenn vorgeschrieben, gegen neue ausgetauscht. Nun ist die Anlage mit dem sauberen Hydrauliköl der vorgeschriebenen Viskosität entsprechend der Marke am Meßstab oder bis zur Mitte des Schauglases zu befüllen.

Ist der Ölstand zu gering, hat dies eine starke Ölerwärmung zur Folge und bewirkt Schaumbildung. Dadurch kommt Luft in die Anlage, sie fällt dann in der Leistung stark ab und arbeitet federnd.

Die Hydraulikanlage wird durch Lösen einer dafür bestimmten Entlüftungsschraube entlüftet. Wenn das Öl nach mehrmaligem Heben und Senken blasenfrei aus der Schraube austritt, wird diese wieder festgezogen; die Hydraulikanlage ist entlüftet. Die Umgebung von Einfüll- und Ablaßschraube, Steuergeräten und Leitungen ist anschließend wieder gründlich zu säubern, damit Undichtigkeiten sichtbar werden.

1. Ist eine Verschraubung im Druckbereich undicht, darf sie nie bei laufendem Motor und betätigtem Steuergerät nachgezogen werden. Unfallgefahr!
2. Grundsätzlich mit 2 Schlüsseln arbeiten.
3. Verschraubungen nicht überdrehen.
4. Hydraulikschläuche beim Anziehen nicht verdrehen.

Abb. 33. Einsetzen der neuen Filterpatrone.
Abb. 34. Ölkontrolle durch Meßstab.
Abb. 35. Ölstand muß bis Mitte Schauglas „A" reichen.

Sind die Abdichtmanschetten von Frontlader oder anderen außenliegenden Hubzylindern undicht, sollten die Nutmuttern nur mit dem dafür bestimmten Spezialschlüssel und nicht mit Hammer und Meißel nachgezogen werden.

Poröse oder gequollene Hydraulikschläuche müssen sofort gegen neue Originalschläuche ausgewechselt werden. Man unterscheidet je nach Anwendungsbereich zwischen Nieder-, Mittel-, Hoch und Höchstdruckschläuchen. Die Verschraubungen, die an den Schlauchenden eingesetzt sind, können meist für den neuen Schlauch wieder verwendet werden. Bei der Reparatur oder dem Auswechseln von Hydraulikschläuchen ist sehr wichtig, daß die neuen Schläuche, gemessen von Verschraubung zu Verschraubung, wieder die Originallänge haben. Es könnten sonst durch Knicke oder Verdrehungen Querschnittsverengungen in den Leitungen auftreten, die Störungen hervorrufen. Man muß beim Einbau der neuen Schläuche auf die Markierungslinie achten. Verschiedene Hydraulikschläuche können als Meterware bezogen werden.

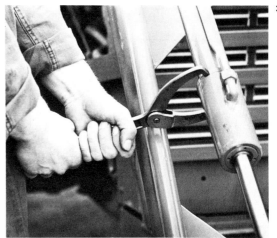

Hydraulikschläuche sollen so verlegt werden, daß sie nicht scheuern können und nicht verdreht sind!

Ist die Ölleitung aus Stahl und diese beschädigt, darf nur eine Original- und keine sogenannte Ersatzleitung eingebaut werden. Der Leitungsquerschnitt und die Wandstärke müssen auf den maximalen Betriebsdruck abgestimmt sein. Das Biegen von Rohrleitungen ist so vorzunehmen, daß keine Knicke oder Falten entstehen.

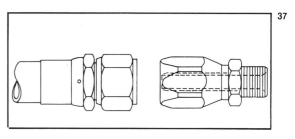

Brüche durch feine Haarrisse in Druckleitungen können Lebensgefahr bringen.

Hydraulikleitungen, die häufig getrennt werden sollen, sind mit sogenannten Schnellkupplungen verbunden. Vor jedem Lösen ist die Kupplung und

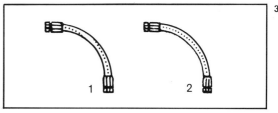

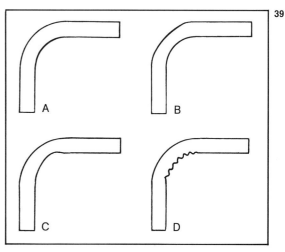

Abb. 36. Der Spezialschlüssel dient zum Nachziehen bzw. Lösen der Nutmutter am Hubzylinder.
Abb. 37. Beim Auswechseln von Hydraulikschläuchen oder Verschraubungen nur Originalteile verwenden.
Abb. 38. Schlauch „2" zeigt richtige Verlegung.
Abb. 39. Rohr „A" zeigt richtige Biegung.

die Umgebung gründlich zu reinigen, damit keine Schmutzpartikelchen in die Anlage gebracht werden. Bei Leistungsabfall der Hydraulikanlage ist es sinnvoll, nicht selbst an den Steuergeräten Eingriffe vorzunehmen, sondern den Fachmann zu Rate zu ziehen. Dieser wird dann mit einem Druckmanometer die Leitungen überprüfen. Oft genügt schon eine kleine Korrektur am Druckbegrenzungsventil. Die Störung ist dann mit wenig Zeitaufwand und geringen Kosten fachmännisch behoben.

Eine der häufigsten Klagen über Hydraulikanlagen ist: „Sie wird zu heiß", dabei stellt sich die Frage: Oberhalb welcher Temperatur ist das Öl zu heiß? Die maximal zulässige Betriebstemperatur liegt bei etwa 363 °K (+90 °C) und wird durch verschiedene Faktoren, wie Außentemperatur oder Art des Arbeitseinsatzes, beeinflußt. Die Dichtringe der Hydraulikanlage werden bei Temperaturen bis zu 373 °K (+100 °C) geprüft. Nach dieser Prüfung sind Dichtringe und Öl noch einwandfrei. Deshalb sind kurzfristige Temperaturen von 368 °K (+95 °C) nicht schädlich. Bei höheren Temperaturen besteht jedoch die Gefahr, daß das Hydrauliköl seine Schmierfähigkeit verliert und dadurch Schäden an Lagerstellen und Abdichtungen auftreten. Auch deuten übermäßig hohe Temperaturen die nicht einwandfreie Funktion irgendeines Aggregates an, und es gilt hier, die Fehlerquelle zu finden.

Die Veränderung des Farbanstriches an der Pumpe ist ein Zeichen für Überhitzung. Die Tatsache allein, daß irgendein Teil der Hydraulikanlage zu heiß ist, um es mit bloßen Händen zu berühren, besagt jedoch nicht, daß die Anlage mit unzulässig hohen Temperaturen arbeitet. Schon Temperaturen von 323–333 °K (+50–60 °C) sind für das Gefühl der Hand zu heiß. Deshalb ist die Temperatur der Anlage bei Störungen stets mit einem geeichten Thermometer zu ermitteln.

Anmerkung: Bevor die Ursache einer Betriebsstörung an der Hydraulikanlage näher untersucht wird, sind folgende Prüfungen durchzuführen:
1. Ölstandskontrolle
2. Zustand des Saug- und Druckfilters
3. Äußere Leckagen
4. Zustand der Hydraulikpumpe
5. Alter, Zustand und Beschaffenheit des Hydrauliköls
6. Ist die Hydraulikanlage auch richtig entlüftet?
7. Überhitzung des Öls?

Betriebsstörungen s. Seite 45.

1.1.10 Bremsen

Jeder Schlepper ist mit zwei von einander unabhängigen Bremsen ausgestattet.
— Fuß- oder Betriebsbremse
— Hand- oder Feststellbremse

Die Fußbremse, welche mechanisch oder hydraulisch über Bremsbacken oder Scheiben auf die beiden Hinterräder wirkt, muß den Schlepper bei einer Geschwindigkeit von 25 km/h auf etwa 8–10 m zum Stehen bringen. Hierbei müssen beide Hinterräder gleichmäßig abgebremst werden. Zieht die Bremse schlecht oder einseitig, muß man sie kontrollieren.

Jede Arbeit an einer Bremsanlage muß mit der größten Gewissenhaftigkeit durchgeführt werden.

Der Schlepper wird unter dem Getriebe aufgebockt und vorschriftsmäßig mit Unterstellböcken abgesichert. Ein Helfer betätigt nun die Fußbremse. Hierbei müssen die Bremsen von beiden Hinterrädern gleichmäßig ansprechen. Das kann man durch Drehen von beiden Rädern kontrollieren. Zieht eine Bremshälfte ungleich, hilft oft schon eine Korrektur am Bremsgestänge. Hierzu müssen die Kontermuttern gelöst und das Bremsgestänge so lange verdreht werden, bis die Bremse gleichmäßig zieht. Nun werden die Kontermuttern wieder kräftig angezogen. Kann man nach dieser Korrektur

Abb. 40. Kontermuttern „A" nach Korrektur festziehen.

keine bessere Bremswirkung feststellen, muß man die Bremsbacken oder Bremsschläuche kontrollieren. Hier kann aber nur das nötige Fachwissen und sorgfältige Arbeit mit den erforderlichen Spezialwerkzeugen zum Erfolg führen.

Bremse belegen

Bei dieser Reparatur müssen die Räder und Bremstrommeln abmontiert werden. Nun kann man die Bremsbeläge auf ihren Zustand und die Stärke prüfen. Sind diese schon so weit abgenutzt, daß die Nieten mit der Oberfläche bündig sind, ist es höchste Zeit, neue Beläge aufzunieten. Auch verölte Bremsbeläge müssen sofort gegen neue ersetzt werden. Hier helfen Reinigen mit Tri oder Waschbenzin und anschließendes Abschleifen mit dem Schleifpapier nicht mehr. Ursache der Verölung ist entweder ein undichter Simmerring an der Halbwelle oder ein defekter Radbremszylinder der Flüssigkeitsbremse. Diese Störungen müssen vor dem Einbau der neuen Bremsbeläge behoben werden.

Nachdem die Bremsbacken ausgebaut und gereinigt sind, werden die Beläge mit einem Flachmeißel abgemeißelt. Eine Spezialbremsfederzange erleichtert die Arbeit beim Ausbau. Sehr wichtig ist das anschließende Abfeilen der Backen, damit die Bremsbeläge satt und gleichmäßig anliegen.

Das Aufnieten macht man am besten zu zweit. Ein genau in die Nietensenkung des Belages passender Dorn oder Durchschlag wird in den Schraubstock gespannt. Dann werden die Bremsbeläge von der Mitte aus gleichmäßig nach links und rechts aufgenietet.

Da die Bremsbeläge im Aufbau und der Härte unterschiedlich sind, dürfen sie nur paarweise ersetzt werden. Sie müssen außerdem an beiden Rädern zum gleichen Zeitpunkt ausgewechselt werden.

Hat man die Bremsbacken wieder eingehängt, sind die Exzenternocken auf Nullstellung zu bringen. Das heißt, die Bremsbacken haben ihren kleinsten

Abb. 41. Spannfeder mit Bremsfederzange aushängen.
Abb. 42. Bremsbackenoberfläche planfeilen.
Abb. 43. Das Aufnieten macht man zu zweit.

Durchmesser und die Bremstrommel kann leicht aufgeschoben werden. Zum gleichmäßigen Einstellen der Backenbremse dienen die Einstellschrauben oder Exzenternocken an der Innenseite der beiden Bremsteller.

Nun stellt man die Bremse am linken wie am rechten Rad so ein, daß ein leichtes Schleifen der Bremsbacken vernehmbar ist; sie müssen selbstverständlich vollkommen gleichmäßig wirken.

Das Fußpedalspiel ist dann richtig, wenn nach ca. 2–3 cm Leerweg die Bremswirkung einsetzt. Nach einer Bremsprobe mit mehrmaligem Bremsen auf einer gut griffigen Fahrbahn (Teerstraße) muß die Bremse nochmals kontrolliert und, wenn nötig, nachgestellt werden. Wird der Schlepper viel mit Einzelradbremse gefahren, sollte man diese Probe und Einstellung jährlich mehrmals durchführen, weil einseitig wirkende Bremsen zu einem Unfall führen können. Ist der Schlepper mit Scheibenbremsen ausgerüstet, sollte man das Auswechseln der Bremsscheiben besser dem Fachmann überlassen, da hierzu die kompletten Achshälften abgeflanscht werden müssen.

Hydraulische Fußbremse

Verschiedene landwirtschaftliche Zugmaschinen haben eine Flüssigkeitsbremse. Diese muß nach bestimmten Reparaturarbeiten entlüftet werden, (z. B. Erneuern der Bremsflüssigkeit oder Auswechseln von Radbremszylindern). Manchmal kommt es auch vor, daß man beim Treten des Bremshebels keinen festen Widerstand spürt. In diesem Fall ist Luft in der Anlage, und das gesamte Bremssystem muß ebenfalls entlüftet werden.

Zur leichten Handhabung sind an den einzelnen Radbremszylindern Entlüftungsventile angeordnet.

Entlüften des Bremssystems

Zum Entlüften benötigt man einen Plastikschlauch, einen passenden Schlüssel für die Entlüftungsschraube und ein klares, sauberes Glas mit Bremsflüssigkeit. Das Entlüften der Bremse ist nicht schwierig, vielmehr eine Sache der Gewissenhaftigkeit.

Nach dem Entfernen der Schutzkappe (Gummitülle) vom Ventil des Radbremszylinders wird der Entlüftungsschlauch angeschlossen und mit dem freien Ende in das Glas gesteckt, welches halb gefüllt sein muß mit Bremsflüssigkeit der in der Anlage befindlichen Sorte. Das Glas mit dem Schlauchende sollte tiefer stehen als die Entlüftungsschraube.

Nun wird mit dem Schlüssel die Entlüftungsschraube durch Linksdrehen etwa 1–2 Umdrehungen gelöst. Ein Helfer drückt jetzt das Bremspedal mehrmals ruckartig nach unten und läßt es wieder langsam zurück kommen. Dieses Drücken (Pumpen) wird so lange wiederholt, bis keine Luftblasen mehr im Entlüftungsglas zu sehen sind. Bei durchgetretenem Bremspedal wird nun das Entlüftungsventil wieder angezogen.

Es ist darauf zu achten, daß sich immer genügend Bremsflüssigkeit im Vorratsbehälter befindet! Der beschriebene Arbeitsgang wird an den anderen

Abb. 44. Leerweg „A" des Bremspedales ca. 2-3 cm.
Abb. 45. Entlüftungsschlauch in Flüssigkeit stecken.

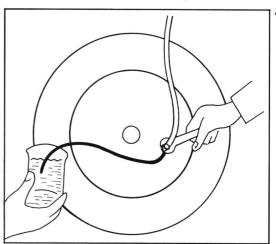

Radbremszylindern in der gleichen Weise wiederholt. Da die Entlüftungsschrauben hohl sind, muß man beim Anziehen besonders vorsichtig vorgehen. Wird dennoch einmal ein Ventil abgedreht, hilft man sich wie beim gebrochenen Schmiernippel mit einem passenden Schraubenausdreher (s. Seite 9).

Nachdem die einzelnen Radbremszylinder entlüftet sind, ist die Bremsflüssigkeit im Vorratsbehälter wieder auf ihren vorgeschriebenen Stand zu bringen (Markierung am Behälter beachten).

Lassen sich die Bremspedale nach mehrmaligem Entlüften immer noch zu weit durchtreten oder federn sie, so muß man die komplette Bremsanlage auf Dichtheit untersuchen.

Da sich im Bremssystem durch Temperaturschwankungen leicht Kondenswasser bildet, ist die Bremsflüssigkeit nach etwa 1000–2000 Betriebsstunden zu erneuern; das ist alle 2–3 Jahre. Die Bremse ist nach dieser Arbeit ebenfalls zu entlüften und auf ihre gleichmäßige Bremswirkung zu prüfen. Die Handbremse, welche als Feststellbremse dient, muß nach dem 3. Zahn am Segmentbogen eine merkbare Bremswirkung aufweisen. Ist das nicht der Fall, wird das Bremsgestänge des Handbremshebels solange nachgestellt, bis der vorgeschriebene Wert erreicht ist. Bei dieser Arbeit sollte der Schlepper ebenfalls hinten aufgebockt werden, damit man die linke wie die rechte Bremse genau einstellen kann. Läßt sich die Handbremse nach längerer Betriebszeit nicht mehr nachstellen, müssen auch hier die Bremsbeläge oder bei aufgeklebten Belägen die kompletten Bremsbacken ausgewechselt werden. Damit der Handbremshebel immer leichtgängig ist, sollten der Entsperrknopf am Handgriff und die Gelenke öfter eingeölt und abgeschmiert werden.

Abb. 46. Auf genauen Flüssigkeitsstand im Behälter „A" ist besonders zu achten.

Ein besonderes Augenmerk ist auf die Zahnung des Segmentbogens zu richten. Abgenutzte Zähne auf dem Segmentbogen bieten der Einrastvorrichtung keinen richtigen Halt und müssen deshalb nachgefeilt werden, oder der Segmentbogen ist auszuwechseln.

Luftpresser (Druckluftanlage)

Schlepper, die in ihrer Bauart als Schnelläufer zugelassen sind, benötigen zur Versorgung der Druckluftbremsanlage für den Anhänger einen Luftpresser. Je nach Konstruktion wird dieser mit einem Keilriemen oder direkt angetrieben. Im ersteren Fall muß besonders auf gute Spannung des Keilriemens geachtet werden. Der Ölstand im Luftpressergehäuse ist ebenfalls in bestimmten Abständen zu kontrollieren, wenn notwendig, ist Öl nachzufüllen. Die vorgeschriebene Ölsorte ist dem Schmierplan der Bedienungsanleitung zu entnehmen. Dabei ist zu berücksichtigen, daß der Ölstand die Maximummarkierung nicht überschreitet. Die Filterpatrone am Luftpresser muß je nach Betriebsverhältnissen und Betriebsstunden unabhängig vom Wartungsplan öfter gereinigt werden. Da der Luftpresser während des Betriebes laufend Kondenswasser erzeugt, welches sich im Druckluftvorratskessel sammelt, wird es notwendig, dieses wegen Frostgefahr bei kalter Jahreszeit täglich vor dem Einsatz an der dafür am Vorratskessel vorgesehenen Ablaßschraube abzulassen.

Weitere Wartungsarbeiten an der Druckluftbremsanlage von Anhängern s. Seite 58.

1.1.11 Lenkung

Die Verkehrssicherheit des Schleppers hängt zum größten Teil von der Funktion der Lenkung ab. Die Lenkung darf nur so viel Spiel haben, daß kein Ausschlag am Lenkrad oder Flattern der Vorderräder entsteht. Das Lenkspiel wird im allgemeinen mit 2–3 Fingern Breite am Lenkradumfang angegeben, das sind etwa 10–15 Grad.

Prüfen der mechanischen Lenkung
Durch leichtes Hin- und Herbewegen des Lenkrades wird der tote Punkt geprüft. Beträgt er mehr als 2–3 Finger Breite, muß die Ursache festgestellt werden. Bei spürbarem Spiel am Lenkstockhebel ist der Schubstangenkugelkopf vom Lenkstockhebel abzuziehen. Das Spiel wird durch Nachstellen der Einstellschraube im Lenkstock behoben. Je nach Lenkungstype (Finger-, Schnecken- oder Kugelmutterlenkung) ist die Einstellung verschieden durchzuführen (Montageanleitung beachten). Läßt sich das Spiel nicht mehr auf seinen vorgeschriebenen Wert bringen, so muß das Lenkgetriebe ausgebaut und überholt oder ausgetauscht werden. Tritt das Spiel an einem Spur- oder Schubstangenkopf auf, ist es ratsam, nicht nur den ausgeschlagenen Kopf, sondern alle Köpfe gleichzeitig gegen neue auszutauschen. Oft läßt sich das Spiel an den anderen Gelenken wegen Fettverkrustung nicht gleich feststellen.

Ausbau eines Spurstangenkopfes
Nachdem der Splint aus der Kronenmutter des Kugelkopfes entfernt ist, wird die Mutter nur soweit gelöst, bis sie mit dem Gewindeschaft bündig ist. Dadurch vermeidet man beim Lösen Gewindebeschädigungen. Nun hält man einen großen Hammer oder ein anderes passendes Eisenstück unter dem Lenkhebel an und löst mit einem kräftigen Hammerschlag den im Konus sitzenden Spurstangenkopf. Nach dem Entfernen der Kronenmutter kann der Kugelkopf aus der Spur- oder Schubstange herausgeschraubt und ausgewechselt werden. Das Anziehmoment der Kronenmutter beträgt ca. 70–75 Newton (7–8 mkp).

Abb. 47. Lösen des Spurstangenkopfes.
Abb. 48. Meterstäbe an beiden Rädern auf gleicher Höhe ansetzen.
Abb. 49. Differenz zwischen „A" und „B" ist Vorspur.

Es sind nur genau passende Splinte zu verwenden.

Prüfen und Einstellen der Vorspur

Nach jeder Arbeit an der Lenkung oder am Spurgestänge ist eine Überprüfung der Vorspur unbedingt erforderlich.

Als erstes müssen die Vorderräder zum Schlepper durch das Lenkrad parallel gestellt werden. Bei dieser Stellung müssen die Vorderräder, in Fahrtrichtung gesehen, vorne enger stehen als hinten. Das bezeichnet man als positive Vorspur. Das Maß der Vorspur bei Schleppern bewegt sich zwischen 0 und 8 mm. Selbstverständlich sind die Angaben des Herstellers zu beachten.
Zum Prüfen der Vorspur kann man zwei Meterstäbe verwenden, die, einmal vor der Achse an der linken und rechten Felge auf Achshöhe angesetzt, das Maß (A) ergeben. Durch den gleichen Meßvorgang hinter der Achse auf der selben Höhe wird das Maß (B) ermittelt.

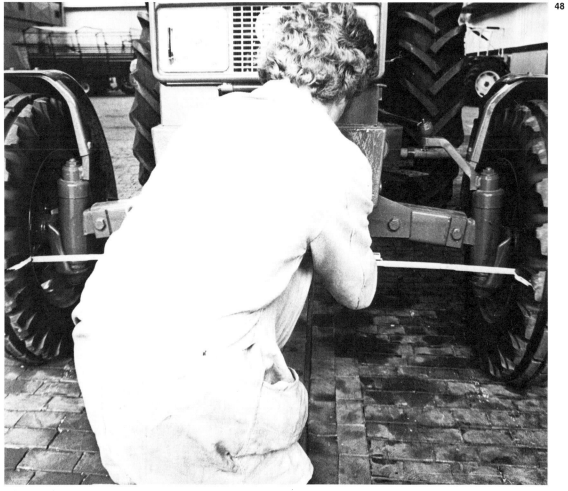

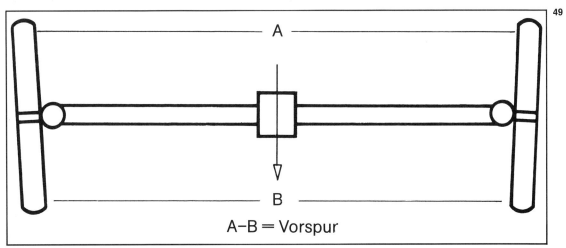

A−B = Vorspur

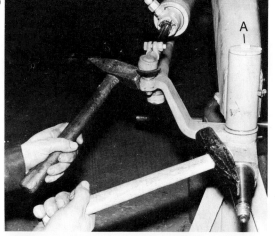

Die Differenz zwischen Maß A und B ergibt die Vorspur. Weicht das ermittelte Maß von dem vorgeschriebenen Wert ab, muß eine Einstellung vorgenommen werden. Hierzu wird es je nach Konstruktion notwendig, die Spurstangenköpfe aus den Lenkhebeln zu schlagen, um sie nachstellen zu können (s. Seite 30).

Ist man einmal kräftig gegen einen Randstein oder einen anderen festen Gegenstand gefahren oder zeigen die Vorderreifen eine ungleiche Abnutzung, ist eine Kontrolle der Vorspur ebenfalls erforderlich. Sollte die Vorderachse beschädigt sein, so ist eine Fachwerkstätte aufzusuchen, die dann eine gründliche Vermessung durchführt. Verbogene oder angebrochene Achsteile müssen grundsätzlich gegen neue ausgewechselt werden.

Ausrichten oder Schweißen ist verboten.

1.1.12 Vorderachse

Achsschenkellagerung

Schlepper ohne Frontantrieb haben in der Regel eine pendelnd aufgehängte Portalachse. Die Achsschenkelbolzen werden gleitend in Lagerbuchsen geführt, welche in die Achshälften eingepreßt sind. Über eine Schmiernut, die entweder ringförmig oder längs in die Lagerbuchsen eingefräst ist, wird das Schmiermittel auf die gesamte Oberfläche zwischen Buchsen und Achsschenkelbolzen gebracht. Die Abnutzung an Bolzen und Buchsen sind normalerweise bei regelmäßiger Wartung sehr gering. Mangelnde Schmierung und unzulässige hohe Vorderachsbelastungen können jedoch zum vorzeitigen Verschleiß oder Bruch führen. Zur notwendigen Demontage ist der Schlepper vorne aufzubocken, und die Räder sind abzunehmen. Die Radnaben mit Kegelrollenlager müssen ebenfalls demontiert werden (s. Seite 106).

Nachdem die Kugelgelenke mit Lenkgestänge vom Lenkhebel gelöst sind, wird die Sicherung (Klemmschrauben bzw. Sicherungsbolzen) der Achsenkelwelle entfernt. Bei einer hydraulisch unterstützten Lenkung ist der Hydraulikzylinder ebenfalls zu lösen.

Jetzt kann der Achsschenkelbolzen nach unten herausgezogen werden. Die ausgeschlagenen bzw. ein-

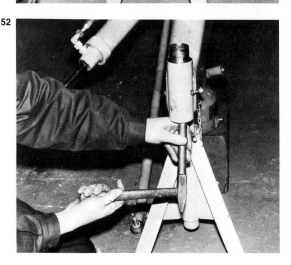

Abb. 50. Lösen des Spurstangenkopfes durch Prellen.
Abb. 51. Ausbau des Achsschenkelbolzens.
Abb. 52. Austreiben der Lagerbuchsen.

gelaufenen Lagerbuchsen treibt man mit einem passenden Dorn oder Rohr aus den Achshälften heraus. Nach gründlicher Reinigung und Überprüfung der Achshälften einschließlich Schmiernippel sind die neuen Original-Lagerbuchsen wieder einzupressen. Beim Einpressen kommt es darauf an, daß die Schmierbohrungen mit den Schmiernippeln fluchten und die Buchsen nicht gestaucht werden. Meist muß man bei dieser Reparatur den Achsschenkelbolzen mit auswechseln. Beim Einpassen des Achsschenkelbolzens in die eingepreßten Lagerbuchsen soll die Toleranz nicht mehr als 0,03–0,05 mm betragen. Bei den meisten Firmen haben die Buchsen nach dem Einbau das erforderliche Spiel und dürfen nicht mehr nachgearbeitet werden. Schreibt der Hersteller ein Aufreiben der Buchsen nach dem Einpressen vor, dürfen nur zylindrische Reibahlen mit dem vorgeschriebenen Toleranzmaß verwendet werden. Beim Zusammenbau sind die Verschraubungen wieder gewissenhaft zu sichern.

Vorderradlager
Mindestens alle 2 Jahre, besser aber jährlich einmal, sollten die Vorderradlager zerlegt, gereinigt, eingefettet und neu eingestellt werden (s. Seite 106).

1.1.13 Elektrische Ausrüstungen

Batterie
Die Batterie hat die Aufgabe, sämtliche Stromverbraucher im Schlepper und anderen selbstfahrenden Maschinen mit Gleichstrom zu versorgen und die erforderliche Energie für den Anlasser beim Startvorgang abzugeben. Sie muß deshalb immer in einem einwandfreien Ladezustand sein. Er ist abhängig von der Säuredichte und dem Säurestand. Die Säure muß je nach Batteriegröße etwa 10–15 mm über den Lamellen stehen.
Ist der Säurestand niedriger, muß sofort destilliertes Wasser nachgefüllt werden. Die Lamellen dürfen auf keinen Fall an die Oberfläche treten. Die Säuredichte wird mit dem Säureheber geprüft. Sie stimmt dann, wenn sich beim Prüfen der geladenen Batterie der Schwimmer bis zur unteren Markierung aushebt; das ist die vorgeschriebene Dichte von 1,28.
Mit dem Voltmeter wird dann noch die Spannung geprüft. Der Voltmeter muß unbelastet bei jeder Zelle auf 2 Volt ausschlagen. Die Batterie ist frostsicher bis etwa 208 °K (−65 °C). Taucht der Schwimmer bis zum mittleren Feld ein, ist die Batterie nur noch halb geladen (Dichte 1,18–1,20).

Abb. 53. Der Säureheber dient zum Prüfen der Dichte.

Die Akku-Säure bietet hier nur noch einen Frostschutz bis etwa 243 °K (−30 °C). Beim Starten eines kalten Motors muß die Batterie etwa das drei- bis fünffache der Stromstärke abgeben, die einer Entladung über 1 Stunde entspricht. Das ist bei einer Batterie mit 84 Ah eine Stoßbelastung von ca. 300–400 A. Deshalb sollte schon eine halbleere Batterie wieder nachgeladen werden. Leer ist die Batterie, wenn sich der Schwimmer im Säureheber nicht mehr anhebt und im roten Feld bleibt.
Je langsamer geladen wird, um so besser ist es für die Batterie. Die Ladestromstärke soll etwa auf $1/10$ der Batteriekapazität eingestellt werden. Beim Anklemmen ist auf die Voltzahl und die Polbezeichnung zu achten.
Beispiel:
Eine 12-V-Batterie mit einer Kapazität von 84 Ah wird zehn Stunden lang mit ca. 8,4 Ampere geladen. Die Batterie darf nur mit Gleichstrom geladen werden. Dabei ist der Pluspol der Batterie mit dem Pluspol, der Minuspol der Batterie mit dem Minuspol der Stromquelle zu verbinden. Nachdem das Bleisulfat durch die Ladung vollständig in Blei bzw. Bleidioxid umgesetzt wurde, ist die Batterie voll geladen.
Wird trotzdem weitergeladen, so wird nur noch Wasser zersetzt. Von den Plusplatten entweicht gasförmiger Sauerstoff und von den Minusplatten gasförmiger Wasserstoff. Die Batterie gast. Die Konzentration der Säure steigt durch den Wasserverlust weiter an. Die Klemmspannung nimmt bei zunehmender Ladung bis auf etwa 2,7 V pro Zelle

zu. Über diesen Wert steigt die Spannung auch nach längerem Gasen der Batterie nicht an. Der entweichende Sauerstoff und Wasserstoff bilden zusammen ein explosionsgefährliches Gasgemisch, welches als Knallgas bezeichnet wird.

Man darf deshalb nie mit offener Flamme in der Nähe einer gasenden Batterie arbeiten und muß beim Anschließen einer nachgeladenen Batterie Kurzschlußfunken vermeiden.

Während des Ladevorganges müssen die Verschlußstöpsel abgeschraubt und auf die Einfüllbohrungen gelegt werden.
Vorsicht vor der Akkusäure, diese wirkt ätzend auf Körper und Kleidung!
Wird eine trocken vorgeladene Batterie in Betrieb genommen, darf sie nur mit chemisch reiner, verdünnter Schwefelsäure von der Dichte 1,28 bis zu den Lamellenoberkanten befüllt werden. Nach einer Wartezeit von etwa einer Stunde muß nochmals soviel Säure nachgefüllt werden, bis die Lamellen ca. 10–15 mm überdeckt sind.

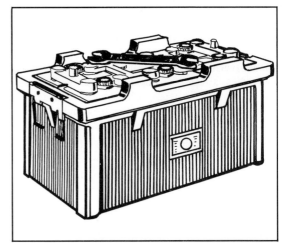

Abb. 54. Niemals Werkzeuge oder metallische Gegenstände auf der Batterie ablegen.

Zum Auffüllen der Säure darf man keine Metalltrichter verwenden.

Die Batterie kann danach sofort Leistung abgeben. Ist die Batterie nicht trocken vorgeladen, muß man sie nach dem Befüllen mit Akkusäure ca. zehn Stunden mit $1/10$ der Kapazität laden.
Die eingebaute Batterie ist wöchentlich einmal zu kontrollieren. Wird die Batterie ausgebaut und überwintert, wie z. B. die eines Mähdreschers, so muß sie in einem kühlen aber frostsicheren Raum aufbewahrt und im Abstand von 4–6 Wochen nachgeladen werden.

Keine sogenannte Aufbesserungsmittel verwenden.

Besteht die Möglichkeit, die Batterie in einem Fahrzeug im Betrieb zu halten, ist das besser. Beim Einbau der Batterie ist grundsätzlich darauf zu achten, daß die Anschlüsse blank sind und der Pluspol vor dem Minuspol angeschlossen wird. Der Ausbau erfolgt in umgekehrter Reihenfolge. Die sauberen Polanschlüsse werden mit säurefreiem Fett (z. B. Polfett – Ft 40 v 1 von Bosch) eingefettet.
Keine metallischen Gegenstände auf die Batterie legen! Dies könnte leicht zum Kurzschluß führen und die Batterie oder andere elektrische Einrichtungen zerstören. Schadhafte Batteriekabel werden bei der Kontrolle gleich ersetzt. Dabei ist der Leitungsquerschnitt zu beachten, er muß bei Batterien mittlerer Größe 50 mm² betragen. Das ist ein Kupferkabel mit einem Drahtdurchmesser von ca. 8 mm. Auf gute Verlötung der Kabelenden und sichere Klemmung ist zu achten.

Schlechte Kabelanschlüsse und zu geringer Kabelquerschnitt führen zur Überhitzung des Kabels, was Brandgefahr bedeutet.

Lichtmaschine (Gleichstromgenerator)
Damit die Lichtmaschine immer ihre volle Leistung an die Batterie abgeben kann, ist vor allem auf richtige Keilriemenspannung zu achten. Flakkert die Zündkontrolle oder leuchtet sie dauernd auf, ist meist eine zu geringe Spannung des Keilriemens die Ursache. Das Nachstellen erfolgt über eine Spannvorrichtung, die am Motorblock befestigt ist (s. Seite 18).
Sind Arbeiten am elektrischen Teil des Generators notwendig, muß das Masseband der Batterie abgeklemmt werden, um Kurzschlüsse zu vermeiden.

Auswechseln der Kohlebürsten

Die Kohlebürsten sind bei Lichtmaschinen im Schlepper regelmäßig nach etwa 1000–2000 Betriebsstunden auf ihren Zustand zu prüfen. Je nach Betriebsverhältnissen und bei sehr viel Staubanfall kann dies schon in kürzeren Zeitabständen notwendig werden. Diese Arbeit wird erleichtert, wenn man hierzu die Lichtmaschine ausbaut.

Beim Ausbau empfiehlt es sich, die Kabelanschlüsse zu zeichnen und die Kabelfarben mit den Bezeichnungen aufzuschreiben.

Nachdem die Lichtmaschine äußerlich gereinigt ist, wird nun das Verschlußband bzw. die Verschlußkapsel abgenommen. Nun sind die Kohlebürsten frei zugänglich. Mit einem Haken werden die Federn, die die Kohlebürsten auf den Kollektor drücken, angehoben. Dabei dürfen diese nicht überzogen oder auf die Seite gedrückt werden. Nur soweit anheben, daß die Kohlebürsten leicht aus ihren Führungen gezogen werden können. Klemmen die Bürsten oder sind die Bürstenhalter und Kohlebürsten sehr stark verstaubt bzw. verölt, müssen sie mit Waschbenzin oder Tri, welches nicht brennbar ist, gereinigt werden (hierzu keine Wollappen oder Putzwolle verwenden, da diese fasern). Sind die Kohlebürsten schon soweit abgeschliffen, daß die Federn am Bürstenhalter aufsitzen, so müssen sie gegen neue ausgewechselt werden. Dasselbe gilt auch bei gebrochenen Kohlebürsten.

Bürsten nur satzweise auswechseln und Originalersatzteile verwenden.

Kontrollieren und Abdrehen des Kollektors

Die Kollektoroberfläche ist für die einwandfreie Ladeleistung der Lichtmaschine sehr wichtig. Sie darf keine Einbrände zeigen und muß außerdem rund laufen. Ist das nicht der Fall, feuern die Kohlebürsten und werden sehr schnell abgenutzt. Die Stromerzeugung ist dann in Frage gestellt.

In diesem Fall ist eine Generalüberholung durchzuführen. Der Kollektor wird auf einer Drehbank

Abb. 55. Ausheben der Kohlebürste mit Haken.
Abb. 56. Kollektoroberfläche zeigt starke Einbrände.
Abb. 57. Abdrehen des eingebrannten Kollektors.

riefenfrei abgedreht. Er darf auf keinen Fall mit einer Feile oder einem Schmiergelpapier bearbeitet werden. Bei dieser Arbeit sollten gleichzeitig die Lager gereinigt und neu eingefettet werden (Werkstattarbeit).

Nur vorgeschriebene Spezialfette verwenden!

Beispiel:
für Schulterlager	Bosch-Heißlagerfett Ft 1 v 4
für Radiallager	Bosch-Kugellagerfett Ft 1 v 22

Bei einigen älteren Typen von Gleichstromgeneratoren ist an dem Deckel der Kollektorseite ein Öler angebracht, welcher zum Schmieren des Gleitlagers dient. In diesen muß man bei der ersten Inbetriebnahme und dann bei jedem folgenden Motorölwechsel einige Spritzer SAE 10 Motoröl geben.

Jede Lichtmaschine muß nach einer Instandsetzung vor Inbetriebnahme polarisiert werden.

Polarisieren einer Lichtmaschine

Die noch nicht angeschlossene Leitung B+ wird kurz an die Klemme D+/61 des Reglerschalter gehalten (kurzer Tupfer). Dabei läuft die Lichtmaschine einen Augenblick als Motor.

Hierbei kann gleichzeitig festgestellt werden, ob die Drehrichtung stimmt (s. Pfeil bzw. Buchstabe R oder L).

Der Keilriemen darf beim Polarisieren der Lichtmaschine auf keinen Fall aufgelegt sein.

Stimmt die Drehrichtung und sind die einzelnen Anschlüsse wieder fest verkabelt, wird der Keilriemen aufgelegt und auf die richtige Spannung gebracht.

Die Ladekontrolle darf, während der Motor läuft, nicht mehr aufleuchten.

Flackert die Ladekontrolle im Lehrlauf des Motors weiter oder leuchtet sie voll auf, ist die Lehrlaufdrehzahl so einzuregeln, daß die Kontrollampe erlischt.

Drehstromlichtmaschine

Die Drehstromlichtmaschine hat gegenüber der Gleichstromlichtmaschine wesentliche Vorteile. Sie lädt schon bei Motorleerlauf und bringt im Betrieb eine höhere Leistung. Auch der Wartungsaufwand ist geringer, obwohl die Lichtmaschine eine längere Lebensdauer hat. Da die Batterie und die komplette elektrische Anlage im Fahrzeug nur mit Gleichstrom versorgt werden dürfen, muß der im Drehstromgenerator erzeugte Wechselstrom in Gleichstrom umgeformt werden. Das geschieht durch Halbleiter, die als Dioden bezeichnet werden. Die Dioden sind sehr empfindlich und werden in kürzester Zeit zerstört, wenn bei Montagearbeiten nicht nach der Montageanleitung verfahren wird. Da die Reparaturen meist sehr teuer sind, ist es ratsam, bei Schäden an Lichtmaschinen mit längerer Laufzeit eine neue Maschine einzubauen. Während des Betriebes sollte man folgende Betriebsvorschriften für Drehstromlichtmaschinen und Regler beachten:

1. Muß in Ausnahmefällen ein Antrieb ohne Batterie erfolgen, so ist zum Schutz der Lichtmaschine der Flachstecker des Reglers vor dem Start abzuziehen.
2. Bei laufender Lichtmaschine dürfen die Leitungen zwischen Regler, Lichtmaschine und Batterie nie getrennt oder angeschlossen werden.
3. Bei Schweißarbeiten am Fahrzeug muß die Masseklemme vom Schweißapparat direkt an das zu schweißende Fahrzeugteil angebracht werden, damit die Dioden vor den auftretenden, hohen Induktionsspannungen geschützt sind. Am besten Stecker ebenfalls abziehen.
4. Beim Ab- oder Anklemmen der Lichtmaschine unbedingt Schaltplan beachten.
5. Beim Einbau der Batterie darauf achten, daß die Pole richtig angeschlossen werden. Falscher Anschluß führt zu Beschädigungen des Reglers.

Reglerschalter

Der Reglerschalter ist wartungsfrei. Zeigt sich eine Störung durch irgendwelche Beschädigungen, so muß er ausgetauscht werden. Hierbei ist die Batterie ebenfalls an der Masseseite abzuklemmen. Damit beim Anklemmen des Reglers keine Fehler entstehen, sollte man grundsätzlich vor dem Ausbau die Kabelfarben und Klemmbezeichnungen aufschreiben. Ist der Reglerschalter in die Lichtmaschine eingebaut, muß die komplette Lichtmaschine zum Fachmann, am besten gleich zum Boschdienst, gebracht werden.

Anlasser
Der Anlasser ist im weitesten Sinne wartungsfrei. Er sollte jedoch, damit seine Betriebsbereitschaft immer gewährleistet ist, nach jeweils 1000 Betriebsstunden oder alle 2–3 Jahre eine gründliche Inspektion erhalten.

Vor Beginn der Arbeit ist das Masseband der Batterie abzuklemmen, damit Kurzschlüsse vermieden werden.

Das Auswechseln abgeschliffener oder beschädigter Kohlebürsten wird wie beim Gleichstromgenerator durchgeführt (s. Seite 35).

Der Anlasser darf nicht mit Benzin (Treibstoff) gereinigt werden, da es durch Funkenbildung während des Betriebes zur Explosion kommen kann.

Vor dem Einsetzen neuer Kohlebürsten sollte man grundsätzlich auch den Kollektor auf seine Oberflächenbeschaffenheit prüfen. Seine Oberfläche soll eine graublaue Farbe haben.

Einbrände, Riefen und Unreinheit des Kollektors sowie überstehende Lamellenisolierung führen zum Feuern der Bürsten.

Der Anlasser dreht dann nicht mehr bei jedem Startversuch. Bei dieser Feststellung muß der Kollektor nachgedreht werden. Diese Arbeit wird wie beim Kollektor des Gleichstromgenerators durchgeführt (s. Seite 35).
Zeigen sich Störungen beim Starten, sind Batterie und Anlasser zu prüfen. Hierbei wird die Beleuchtung (Hauptscheinwerfer) eingeschaltet und der Anlasserknopf betätigt. Erlischt das Licht sofort, kann man daraus schließen, daß die Störung an der Batterie zu suchen ist. Die Batteriekabel können schlechten Kontakt haben oder sind stark oxidiert. Fallen die Lampen in ihrer Leuchtkraft merklich ab, ist der Ladezustand der Batterie zu schwach; sie muß nachgeladen werden. Zeigen sich hingegen beim Licht keine Veränderungen, liegt der Fehler am Anlasser oder Anlasserschalter (Magnetschalter). Zur weiteren Überprüfung muß man den Anlasser ebenfalls ausbauen. Auch hierzu ist der Minuspol der Batterie abzuklemmen. Die weiteren Kontrollen und nötigen Reparaturen sollte man einer Fachwerkstätte überlassen, da dazu Spezialwerkzeuge notwendig sind.

Beleuchtung
Die Beleuchtungseinrichtung am Schlepper und anderen landwirtschaftlichen Fahrzeugen muß nach den Bestimmungen der StVZO immer voll funktionsfähig sein. Wird z. B. ein Lampenwechsel im Hauptscheinwerfer notwendig, sollen die Scheinwerfer geprüft und gegebenenfalls neu eingestellt werden. Nachdem die neue Lampe einge-

Abb. 58. Auswechseln der Scheinwerferlampen.

setzt ist, wird der Schlepper in einer Entfernung von 5 m vor einer Wand aufgestellt. Dabei muß der Schlepper eben und im „Rechten Winkel" davor stehen. Gemessen wird von den Scheinwerfern aus. Dann werden die beiden Scheinwerfermitten in richtiger Höhe und Weite mit Kreide auf die Wand übertragen. Die beiden Lichtkegel müssen bei Fernlicht genau auf die gezeichneten Kreuze treffen. Dabei ist vor allem auf das Abblendlicht zu achten. Das Abblendlicht ist so einzustellen, daß die Hell-Dunkelgrenze bei der Entfernung von 5 m 5 cm tiefer liegt, das ist 1% der Wandentfernung (Abb. s. Seite 38). Werden Abweichungen festgestellt, dienen zwei Schrauben, die mit dem Reflektor verbunden sind, zur Einstellung der Scheinwerferhöhe und Streuung.
Da die Scheinwerfereinstellung auf diese Art ver-

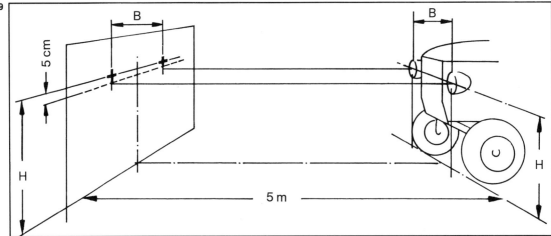

Abb. 59. Einstellen von Fern- und Abblendlicht.
Abb. 60. Kontrolle mit Scheinwerferprüfgerät.
Abb. 61. Blanke Kontaktbügel vermeiden Störungen.

ständlicherweise nicht genau durchgeführt werden kann, sollte man bei passender Gelegenheit eine Fachwerkstätte aufsuchen. Mit einem Scheinwerfereinstellgerät lassen sich dann die kleinen Abweichungen schnell feststellen und korrigieren.

Eine besondere Störungsquelle sind die Sicherungen. Durch Feuchtigkeit und Funkenbrücken bildet sich an den Kontakbügeln leicht Oxid, welches oft die Stromversorgung unterbricht. Deshalb sollte man vor den Übergangszeiten wie Herbst/Winter bzw. Frühjahr/Sommer sämtliche Sicherungen und deren Anschlüsse überprüfen.

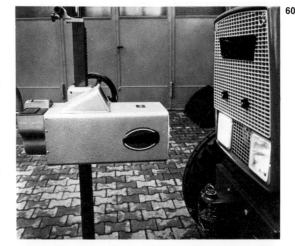

Da die Sicherungen auf den jeweiligen Kabelquerschnitt abgestimmt sind, dürfen nur Sicherungen mit der vorgeschriebenen Amperezahl verwendet werden.

Auf metallreine und feste Verbindungen zwischen Messingfedern und Sicherungen ist besonders zu achten. Die Bohrungen der Messingfedern schabt man vor dem Einsetzen der Sicherungen am besten mit einem Kreuzschraubenzieher aus. Bei Störungen an der elektrischen Anlage vermeidet man langes Suchen, wenn die Anschlüsse beschriftet sind. Müssen Glühlampen ausgewechselt werden, ist die im Lampensockel oder in der Fassung angegebene Wattzahl zu berücksichtigen.

Lampenbestückung mit Wattzahl:

Fern- und Abblendlicht	12 V	35/35 W
	12 V	45/45 W
Standlicht	12 V	3 W
Blinklicht vorne	12 V	18 W
Blinklicht hinten	12 V	18 W
Bremslicht	12 V	18 W
Rücklicht	12 V	10 W
Kontrollampen	12 V	3 W

Anklemmen eines Steckers bzw. einer Steckdose
Beim Fertigen eines Zwischenkabels oder Anklemmen einer Steckdose bzw. eines Steckers müssen die Kabelenden zuerst auf die richtige Länge zugeschnitten und abisoliert werden. Das macht man am besten mit einer Kabelabisolierzange. Anschließend sind die einzelnen Kabelenden zu verlöten. Beim Anklemmen kommt es darauf an, daß die Anschlüsse fest sind, aber die Schrauben dabei nicht überdreht werden. Suchen bei Störungen läßt sich dadurch vermeiden, daß man die Kabelfarben beim Verlegen aufschreibt. Welche Farben für die einzelnen korrespodierenden Kabel verwendet werden, bleibt jedem selbst überlassen. Eine Ausnahme bildet das grün-gelbe Kabel, es wird allgemein als Masse (Klemme 31) verwendet. Die Klemme 54 g (alte Bezeichnung 52) wird bei landwirtschaftlichen Fahrzeugen nicht benötigt. Sie sollte aber dennoch eingeklemmt werden.

Die Bezeichnungen der Anschlußklemmen im Deckel entsprechen denen in der Steckdose.

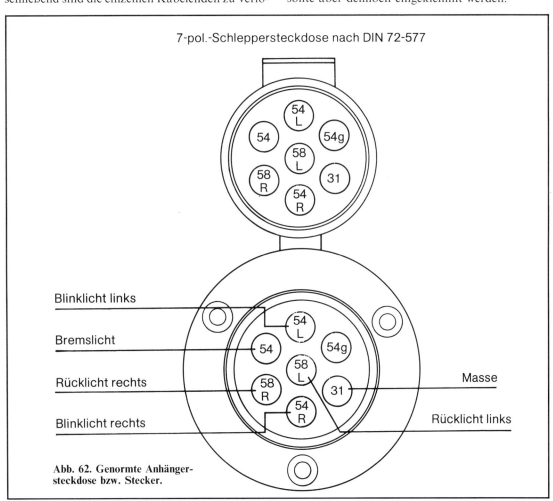

Abb. 62. Genormte Anhängersteckdose bzw. Stecker.

Ist am Zugfahrzeug Blink- und Bremslicht getrennt, dann dürfen nur Anhängerleuchten verwendet werden, die ebenfalls getrennte Blink- und Bremslichter haben.

Hat der Schlepper kombinierte Blink- und Bremsleuchten, können wahlweise Anhänger mit kombiniertem Blink-Bremslicht oder mit getrenntem Blink- und Bremslicht benutzt werden. Im letzteren Fall werden die Blinkleuchten beim Anhänger auch als Bremsleuchten benutzt, d.h., beim Bremsen leuchten die orangefarbenen Blinkleuchten auf. Schlepper, die in ihrer Bauart auf 25 km/h begrenzt sind, benötigen nach der StVZO keine Bremslichter. Sind diese aber dennoch vom Hersteller am Schlepper montiert und angeschlossen, müssen sie funktionsfähig sein. Das gleiche gilt für Anhänger und bestimmte angebaute Arbeitsgeräte. Ragen Arbeitsgeräte weiter als 1 m über die rückwärtige Beleuchtungs-, Bremslicht- und Blinkanlage des ziehenden Fahrzeuges hinaus, müssen diese grundsätzlich nach StVZO seit 1. 1. 1975 bei schlechten Sichtverhältnissen beleuchtet gekennzeichnet sein. Werden die Brems- und Blinkleuchten des ziehenden Fahrzeuges verdeckt – wenn auch nur zeitweise –, müssen auch die Leuchten am Gerät bei Tage angeschlossen werden.

Nachfolgender Schaltplan (Abb. 63 nebenstehend) vermittelt eine Übersicht des Kabelverlaufes über die Anschlüsse beim Schlepper mit Anhänger- und Gerätesteckdose.

Erläuterungen zum Schaltplan (Seite 41)

A	=	Anlasser
AA	=	Anschluß für Anhängerbeleuchtung
B	=	Batterie
BG	=	Blinkgeber
BL	=	Blinkleuchte
BS	=	Blinkschalter (Blink-Abblendlicht, Horn und Lichthupe)
DÖ	=	Öldruckschalter
DM	=	Druckmesserbeleuchtung
DS	=	Druckschalter
HL	=	Handlampenanschluß
IB	=	Instrumentenbeleuchtung
KB	=	Anzeigeleuchte-Blinklicht
KF	=	Anzeigeleuchte-Fernlicht
KI	=	Kombi-Instrument
KL	=	Anzeigeleuchte-Generator
DG	=	Drehstromgenerator
LK	=	Leitungskupplung
LV	=	Leitungsverbinder
KÖ	=	Anzeigeleuchte-Öldruck
P	=	Positionsleuchte
R	=	Bremsleuchte
SR	=	Spannungsregler
S	=	Scheinwerfer
SC	=	Schaltkasten
SCH	=	Schlußleuchte
SH	=	Signalhorn
SI	=	Sicherung
SS	=	Suchscheinwerfer
ST	=	Bremslichtschalter
TR	=	Traktormeterbeleuchtung
W	=	Wischer
GAS	=	Glühanlaßschalter
WG	=	Warnlichtgeber
KU	=	Anzeigeleuchte Unterdruck
U	=	Unterdruckanzeiger
RE	=	Relais
TWK	=	Temperaturwarnkontakt
TG	=	Tankgerät
LK1	=	Trennstelle Kabelsatz hinten

Leitungsquerschnitte

0	=	1 mm²	d	=	6 mm²
a	=	1,5 mm²	e	=	10 mm²
b	=	2,5 mm²	f	=	35 mm²
c	=	4 mm²			

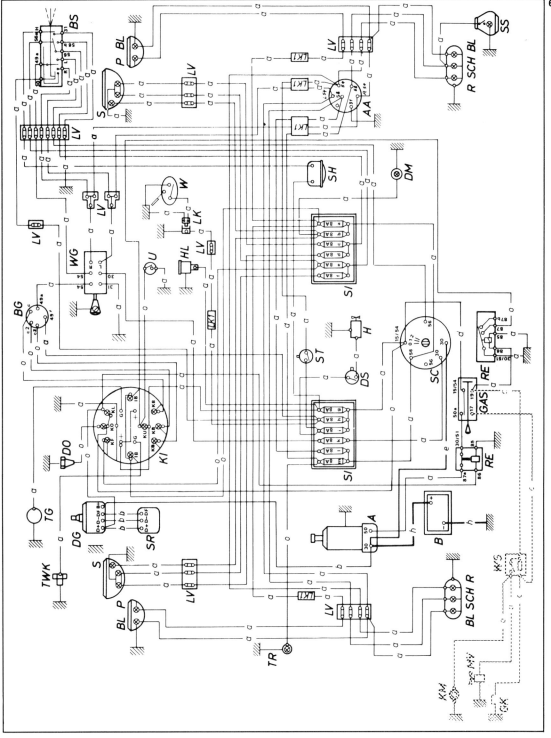

Erläuterungen der Anschlußklemmen am Blinkschalter

Fahrzeugtyp

a) Fahrzeuge mit Zweikammerleuchten (eine Glühlampe für Blink- und Bremslicht)	49a oder 54	Verbindung zum Blinkgeber
	54f	Verbindung zum Bremsschalter
b) Fahrzeuge mit Anhänger	L	Verbindung zur vorderen linken Blinkleuchte
	R	Verbindung zur vorderen rechten Blinkleuchte
	L 54	Verbindung zur hinteren linken Blinkleuchte und Steckdose oder zur linken Blinkleuchte am Anhänger
	R 54	Verbindung zur hinteren rechten Blinkleuchte und Steckdose oder zur rechten Blinkleuchte am Anhänger
Fahrzeuge mit Dreikammerleuchten (Blinklicht und Bremslicht je eine Glühlampe)	49a oder 54	Verbindung zum Blinkgeber
	L	Verbindung zu den linken Blinkleuchten
	R	Verbindung zu den rechten Blinkleuchten
Fahrzeuge mit Zweikreis-Blinkgebern (Schlepper mit Anhängern)	49b oder 54	Verbindung zum Blinkgeber
	L	Verbindung zur vorderen linken Blinkleuchte
	R	Verbindung zur vorderen rechten Blinkleuchte
	HL	Verbindung zur hinteren linken Blinkleuchte am Zugfahrzeug
	HR	Verbindung zur hinteren rechten Blinkleuchte am Zugfahrzeug
	L 54	Verbindung zur Steckdose (Blinklicht Anhänger links)
	R 54	Verbindung zur Steckdose (Blinklicht Anhänger rechts)

Erläuterungen der Anschlußklemmen am Blinkgeber

49	Anschlußklemme + über Sicherung und Zündschalter
30	Anschlußklemme +
31	Anschlußklemme Masse
31b	Anschlußklemme Masse über Schalter
54 oder 54 L oder S 54 oder 49a	Ausgangsklemme am Blinkgeber zum Blinkschalter
K oder C oder K 1 oder C 1	Ausgangsklemme am Blinkgeber für 1. Kontrolle (ziehendes Fahrzeug)
C 2 oder K 2	Ausgangsklemme am Blinkgeber für 2. Kontrolle (1. Anhänger)
C 3 oder K 3	Ausgangsklemme am Blinkgeber für 3. Kontrolle (2. Anhänger)

Umrüsten eines Anhängers von Zwei- auf Dreikammerrückleuchte

Da fast alle Schleppertypen mit den Dreikammerrückleuchten ausgestattet sind, wird es notwendig, die älteren Anhänger auf dieselbe Anlage umzurüsten. Dazu muß die alte Verkabelung mit den Rücklichtern abmontiert werden.

Nun ist ein 7-poliges Kabel so unter dem Anhänger zu verlegen, daß es nicht beschädigt werden kann. Als Kabelverteilung zu den beiden Rückleuchten wird unter der Anhängerbrücke in Nähe der Rückwand ein Verteilerkasten montiert, welcher ebenfalls 7 Anschlüsse haben muß. Als nächstes befestigt man an der vorderen Bordwand eine 7-polige Steckdose, die nach der Anleitung (Anklemmen eines Steckers bzw. einer Steckdose) verkabelt wird (s. Seite 39).

Für die Abzweigungen zu den beiden Dreikammerrückleuchten kann das alte 5-polige Kabel verwendet werden. Dabei bleibt eine Kabellitze unberührt. Als erstes wird das Massekabel (grüngelb) an den Rückleuchten angeklemmt. Zur Erleichterung beim Anklemmen der restlichen Kabelanschlüsse kuppelt man den Schlepper mit dem Zwischenkabel an den Anhänger. Nun werden Blinker, Bremslicht und die Beleuchtungseinrichtung nacheinander betätigt, mit der Prüflampe auf ihre Funktion geprüft und gleichzeitig an die montierten Dreikammerleuchten angeklemmt.

Für den Anschluß des Zwischenkabels zum zweiten Anhänger ist an die Rückwand noch eine Steckdose zu montieren. Mit einem 7-poligen Kabel wird die Steckdose, die unter der Rückwand montiert wurde, an den Verteilerkasten angeklemmt.

Gut verlötete Kabelenden und einwandfreie Quetschverbindungen an Steckkontakten verhindern Störungen an den Anschlüssen.

Folgende Skizze zeigt das Anklemmen der einzelnen Kabellitzen an die Verteilung.

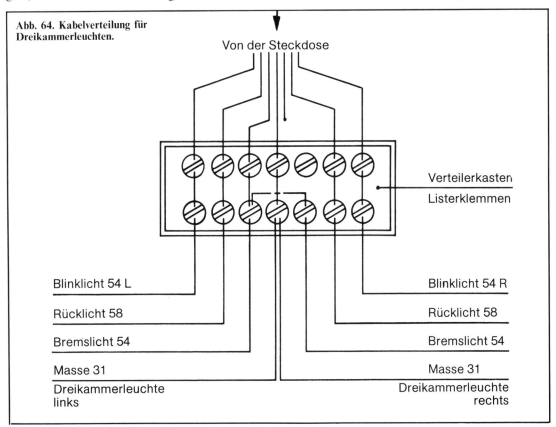

Abb. 64. Kabelverteilung für Dreikammerleuchten.

1.1.14 Störungstabellen

1. Motor

Motor springt nicht an bzw. setzt aus

Ursache	Maßnahmen
Kraftstoffbehälter leer	Kraftstoffbehälter auffüllen und Kraftstoffanlage entlüften
Kraftstoffhahn geschlossen	Kraftstoffhahn öffnen und Anlage entlüften
Luft in der Einspritzanlage	Kraftstoffanlage entlüften
Kraftstoff nicht winterfest (Paraffin hat sich abgesetzt)	Winterkraftstoff auffüllen und Anlage entlüften
Einspritzdüsen arbeiten nicht einwandfrei	Düsen prüfen lassen bzw. erneuern (Werkstattarbeit)
Schlechte Kompression, Ventile schließen nicht ganz	Ventilspiel bei kaltem Motor auf vorgeschriebenes Maß einstellen
Keine Kompression, Ventile undicht	Ventile einschleifen eventuell erneuern (Werkstattarbeit)
Keine Kompression, Ventile hängen	Ventilschäfte mit Kraftstoffölgemisch lösen
Anlasser dreht zu langsam	Batterie aufladen
Anlasseranlage gestört, Kabel beschädigt oder lose	Stromkabel (Batterie – Anlasser) kontrollieren, Anlasser überprüfen (Werkstattarbeit)

Motor hat zu wenig Leistung

Ursache	Maßnahmen
Kraftstoff-Förderpumpe verschmutzt	Kraftstoff-Förderpumpe reinigen
Einspritzdüsen arbeiten nicht einwandfrei	Druck- und Spritzbild der Düsen überprüfen lassen, Düsen eventuell erneuern (Werkstattarbeit)
Motor erreicht bei bestimmten Arbeiten die Betriebstemperatur nicht	Kühlervorderseite mit Schutz teilweise abdecken
Luftfilterkontrolle gibt Zeichen	Reinigung bzw. Austausch der Luftfilterpatrone (s. Wartung und Pflege)

Ölkontrollampe leuchtet auf

Ursache	Maßnahmen
Öldruck infolge Ölmangel zu gering	Motorölfüllung ergänzen
Falsche Ölsorte eingefüllt	Ölwechsel machen, richtiges Öl wählen
Stromkabel des Öldruckschalters defekt oder hat Masseschluß	Kurzschluß der Leitung beheben bzw. Kabel erneuern
Öldruckschalter defekt	Neuen Öldruckschalter nach Ersatzteilnummer einbauen

Motor wird zu heiß

Ursache	Maßnahmen
Kühlwassermangel	Kühlwasser nachfüllen
Keilriemen locker oder gerissen	Keilriemen nachspannen bzw. erneuern
Kühlerlamellen verschmutzt	Lamellen mit Kaltreiniger oder P3-Lösung säubern und ausspritzen
Thermostat öffnet nicht	Thermostat prüfen, gegebenenfalls auswechseln, auf Durchflußrichtung achten

Kühlwasserkreislauf verschmutzt	Kühlsystem mit P3-Lösung durchspülen und klarem Wasser reinigen
Starke Kalkbildung im Kühlsystem	Kesselstein mit Kalklöser „Ephetin" entfernen

2. Hydraulik
Starke Geräusche an der Hydraulikanlage

Ursache	Maßnahmen
Zu wenig Öl im Flüssigkeitsbehälter	Ölmenge auf vorgeschriebenen Ölstand ergänzen (Kontrolle durch Meßstab oder Schauglas)
Öl im Behälter noch zu kalt	Schlepper betriebswarm fahren
Öl zu dickflüssig	Öl der vorgeschriebenen Viskosität auffüllen
Saug- oder Rücklauffilter verschmutzt	Filterpatrone wenn zulässig reinigen, andernfalls auswechseln
Saugleitung undicht	Anschlüsse überprüfen und abdichten

Verminderte Hubleistung

Ursache	Maßnahmen
Druckbegrenzungsventil zu nieder eingestellt	Druckbegrenzungsventil auf vorgeschriebenen Druck bringen (Werkstattarbeit)
Hydraulikpumpe saugt Luft an, Saugleitung undicht	Anschlüsse abdichten
Hydraulikpumpe hat in Folge von Verschleiß schlechte Leistung	Hydraulikpumpe austauschen
Manschetten an den Hubkolben undicht	Manschettenabdichtringe nachziehen bzw. erneuern
Ölstand zu nieder	Ölmenge ergänzen
Ansaugfilter verstopft	Filter reinigen
Mengenteiler schließt nicht (meist bei Lenkhilfe)	Mengenteiler ausbauen und reinigen

Zu starke Erwärmung der Hydraulikflüssigkeit

Ursache	Maßnahmen
Überlastung der Hydraulik	Einstellhebel in Stellung „**Senken**" bringen, Anlage abkühlen lassen
Luft in der Anlage	Den Ölstand und die Verschraubungen der Leitungen prüfen
Kondenswasser in der Hydraulikflüssigkeit	Hydraulikflüssigkeit in betriebswarmen Zustand ablassen, Flüssigkeitsbehälter durchspülen und frisches Öl auffüllen
Steuerschieber oder Endabschalter klemmt	Reinigung und Reparatur des Steuergerätes bzw. Regelmechanismus (Werkstattarbeit)

Hydraulik hebt nicht

Ursache	Maßnahmen
Zu wenig Öl im Ölraum (durch Kipperanschluß)	Ölstand ergänzen
Überdruckventil im Steuergerät defekt	Steuergerät austauschen (Werkstattarbeit)

Hydraulikpumpenantrieb unterbrochen (Keilriemen- oder Zahnradantrieb), defekt	Beschädigte Teile austauschen (Werkstattarbeit)
Pumpe defekt	Pumpe auswechseln (kann nicht repariert werden)

Hydraulik senkt nicht

Ursache	Maßnahmen
Senkdrossel klemmt oder ist verriegelt	Senkdrossel gängig machen und auf Öffnen bringen
Steuerschieber klemmt	Steuergerät ausbauen und reparieren (Werkstattarbeit)

3. Hydraulische Lenkung und Lenkhilfe

Die Lenkung reagiert im unteren und mittleren Drehzahlbereich (1000—1500 U/min) zu langsam

Ursache	Maßnahmen
Innere Undichtheit von Pumpe, Steuerventil oder Arbeitszylinder	Schadhafte Teile durch Messung ermitteln und erneuern (Werkstattarbeit)

Die Lenkung schlägt selbsttätig ein

Ursache	Maßnahmen
Steuerschieber bleibt in Endstellung hängen	Im Stand durch Drehen des Lenkrades prüfen, ob der Schieber gangbar ist und im Gehäuse hörbar anschlägt. Trifft das nicht zu, muß die Zentrierfeder gangbar gemacht werden (Werkstattarbeit)

Die Lenkung geht schwer

Ursache	Maßnahmen
Sicherheitsventil undicht oder nicht richtig eingestellt	Prüfen ob Ventilkegel eingeschlagen ist, wenn ja, Mengenteiler erneuern (Werkstattarbeit)
Tandempumpe oder Hydraulikpumpe verschlissen	Hydraulikpumpe bzw. Pumpenteil für die Lenkung erneuern (Werkstattarbeit)

Schaumbildung durch zu hohe Öltemperatur bis 383 K (+ 90 C) zulässig

Ursache	Maßnahmen
Öl in der Regelhydraulik zu heiß	Regelhydraulik oder Getriebe überprüfen
Mengenteiler bleibt in geöffneter Stellung hängen	Schieber gangbar machen bzw. Mengenteiler erneuern (Werkstattarbeit)

Zeitweiliges Aussetzen der Lenkung

Ursache	Maßnahmen
Ölstand zu niedrig und Luft in der Anlage	Öl nachfüllen und Anlage entlüften

4. Störungen an der Blinkanlage

An der Blinkanlage treten oft Fehler auf, die auf den ersten Blick meist nicht zu erkennen sind. Man sollte deshalb bei der Fehlersuche dem Strom- bzw. Kabelverlauf entsprechend vorgehen.

Blinklicht blinkt nur auf einer Seite

Fehler	Fehlerbeseitigung	Bemerkung
Glühlampe defekt	Glühlampe auswechseln	Vorgeschriebene Glühlampe verwenden
Leitungsanschlüsse haben keinen Kontakt	Anschlüsse an den Blinkleuchten und am Schalter auf guten Kontakt überprüfen	Bei Steckverbindungen darauf achten, daß Verbindungsstücke fest ineinander passen. Bei Schraubenanschlüssen müssen alle Adern der Litze in der Anschlußklemme fest sitzen
Keine Masseführung	Masseführung der Blinkleuchte kontrollieren	Blinkleuchten sollen mit Zahnscheiben am Karosserieblech befestigt sein, um eine gute Masseverbindung zu gewährleisten
Leitung gebrochen, obwohl Isolierung äußerlich in Ordnung ist	Leitung vom Schalter zu den Blinkleuchten erneuern	
Schaltrastung im Schalter defekt	Schalter muß beim Schalten deutlich fühlbar und hörbar in die Schaltstellung einrasten, andernfalls Schalter erneuern	Nötigenfalls Schalter erneuern
Korrosion (Rost) an den Anschlüssen	Korrodierte (verrostete) Anschlüsse an Schalter und Blinkleuchten metallisch blank schaben	
Schalter falsch angeschlossen	Zuleitung vom Schalter nach Schaltplan kontrollieren	Mit einem Schalter werden häufig mehrere Funktionen ausgeübt, so z. B. beim kombinierten Blinklicht und Abblendschalter

Keine Blinkleuchte blinkt

Fehler	Fehlerbeseitigung	Bemerkung
Kurzschluß	Sicherung kontrollieren und falls durchgebrannt, ersetzen. Prüfen, ob richtige Sicherung montiert ist.	
Wiederholter Kurzschluß	Leitungen auf durchgescheuerte Isolierungen oder Quetschstellen kontrollieren. Prüfen, ob Anschlußklemmen von Schaltern, Blinkgebern oder Steckdosen mit irgendwelchen metallischen Teilen (ausgenommen Verbindungselementen) in Berührung kommen	Bei Durchführungen durch Karosserieöffnungen soll eine Gummimuffe verwendet werden

Kontrolleuchte zeigt nicht an

Ist das Blinklicht nach einer Richtung eingeschaltet, dann leuchtet die Kontrollampe im gleichen Rhythmus wie die Blinkleuchten auf. Bei einigen Blinkgebern leuchtet die Kontrolle in der Dunkelperiode der Blinkleuchten auf.

Fehler	Fehlerbeseitigung	Bemerkung
Glühlampe in der Kontrolleuchte defekt	Glühlampe auswechseln	
Blinkgeber falsch angeschlossen	a) Kontrolleuchte ist gegen Minus (Masse) geschaltet: Blinkgeberanschluß CO oder KO muß mit 49 oder 15 am Blinkgeber verbunden werden b) Kontrolleuchte ist gegen Plus geschaltet: Blinkgeberanschluß CO oder KO muß an Masse angeschlossen werden c) Bei Minus-Blinkgebern auf gute Masseverbindung achten (bei einigen Typen Masse über Gehäuse)	Je nach Fahrzeugtyp kann die Kontrolleuchte gegen Plus oder Minus ausgeschaltet sein (Bei Hella-Blinkgebern ist das Schaltbild stets auf den Blinkgeber aufgedruckt)
Blinkgeber defekt	Blinkgeber auswechseln	

Verhältnis zwischen Hell- und Dunkelperiode ist ungleichmäßig

Fehler	Fehlerbeseitigung	Bemerkung
Blinkleuchten blinken nur kurz auf (bis zum nächsten Aufleuchten folgt eine lange Dunkelzeit) Blinkleuchten leuchten lange Zeit auf; nur kurze Unterbrechung der Leuchtphase	Kontrollieren, ob Glühlampen mit richtiger Leistungsaufnahme montiert sind. Falls Glühlampen in Ordnung, Blinkgeber auswechseln. Eine Korrektur der Hellzeit kann nur durch den Fachmann mit geeigneten Instrumenten vorgenommen werden	Der Blinkgeber ist nicht richtig eingestellt oder hat sich durch Stoß oder Schlag verstellt. Besteht noch Garantieanspruch, so ist der Blinkgeber sorgfältig verpackt an den Hersteller einzusenden

Blinkrhythmus zeigt abnormales Verhalten

Die Fahrtrichtungsblinkleuchten sollen zwischen 90 ± 30 mal in der Minute aufleuchten. Zeigen die Blinkleuchten ein abnormales Verhalten, so bestehen neben einem Blinkgeberdefekt folgende Möglichkeiten:

Fehler	Fehlerbeseitigung	Bemerkung
a) Blinkrhythmus ist zu langsam; Glühlampe mit zu großer Leistung montiert	Glühlampen in den Blinkleuchten auf vorgeschriebene Watt-Zahl überprüfen	Aus der Blinkgeberbezeichnung geht die vorgeschriebene Watt-Zahl der Glühlampe hervor (z. B. 15 W, 18 W, 20 W oder 21 W)
Zu hoher Spannungsverlust	Spannungsverluste können durch zu schwache Verbindungsleitungen entstehen. Der Mindestquerschnitt beträgt: Bei 6-V-Anlagen: 2,5 mm^2; das entspricht einem Leitungsdurchmesser von 1,7 mm und einem Durchmesser des isolierten Drahtes von 2,7 mm. Bei 12-V-Anlagen: 2,0 mm^2; das entspricht einem Leitungsdurchmesser von 1,6 mm und einem Durchmesser des isolierten Drahtes von 2,6 mm	

b) Blinkrhythmus ist zu schnell: Glühlampe mit zu kleiner Leistung montiert	Bei Glühlampen in den Blinkleuchten überprüfen, ob die Lampen die vorgeschriebene Leistungsaufnahme (Wattzahl) haben	Aus der Blinkgeberbezeichnung geht die vorgeschriebene Wattzahl der Glühlampe hervor (z. B. 15 W, 18 W, 20 W oder 21 W)

Zeigen sich Störungen an der Beleuchtungsanlage oder dem Bremslicht, so wird bei der Fehlersuche ähnlich verfahren.

1.1.15 Bereifung

Reifenpflege und Montage

Täglich einmal sollten vor dem Einsatz die Reifen auf ihren Luftdruck und Zustand geprüft werden. Fällt der Reifendruck in einer bestimmten Zeitspanne leicht ab, ist dies ein sicheres Zeichen, daß der Ventileinsatz undicht ist. Zum Ventilwechseln wird die Staubkappe verwendet. Bei Beschädigung des Schlauches muß eine Reifenmontage durchgeführt werden. Nachdem beim Schlepper die Handbremse angezogen und ein Gang eingelegt ist oder bei anderen Fahrzeugen zwei Unterlegkeile gegenüber der defekten Seite angesetzt sind, wird einseitig so aufgebockt, daß das zu montierende Rad nur gering vom Boden entfernt ist.

Ein Holzklotz zwischen Wagenheber und Maschine verhindert Rutschgefahr.

Die Radmuttern sollte man schon vor dem Aufbocken lösen. Jetzt kann das Rad vom Fahrzeug abgenommen werden. Anschließend ist das Fahrzeug an der Reparaturseite mit einem Unterstellbock abzusichern.

Montage der Flach- und Tiefbettfelge

Ist die Sicherungsmutter vom Ventil entfernt und die Luft restlos aus dem Schlauch ausgetreten, löst man den Reifen beidseitig von der Felgenschulter, indem man mit beiden Beinen auf den am Boden liegenden Reifen springt. Bei sehr steifen oder angerosteten Reifen hilft man sich mit einer Reifenabdrückzange.
Hat man diese nicht zur Verfügung, wird mit einem Vorschlag- und Handhammer gearbeitet. Diese Arbeit macht man zu zweit. Der Handhammer wird mit der Finne scharf am Felgenhorn auf dem Reifenwulst aufgesetzt, welchen man mit dem Vorschlaghammer durch mehrere kräftige Schläge von der Felge löst. Mit zwei Montierhebeln wird nun der Reifenwulst aus dem Felgenhorn gehoben. Man beginnt am Ventil und drückt dabei den Reifen auf der gegenüberliegenden Seite mit einem Fuß in das Tiefbett. Nun wird der Reifenwulst

Abb. 65. Ein hydraulischer Wagenheber mit großer Auflage sorgt für einen sicheren Stand.
Abb. 66. Reifenabdrückzange zum Lösen des Reifens.

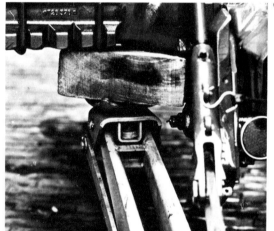

Abb. 67. Lösen des Reifenwulstes mit 2 Hämmern.
Abb. 68. Am Ventil wird mit der Demontage begonnen.
Abb. 69. Der Reifen wird ganz von der Felge gezogen.
Abb. 70. Schlauch vor dem Einlegen leicht aufpumpen.

ringsherum ganz aus der Felge gehoben. Diese Arbeit darf nicht mit Gewalt gemacht werden, da sonst das Drahtseil im Reifenwulst beschädigt und der Reifen unbrauchbar wird. Jetzt kann man den Schlauch, ebenfalls am Ventil beginnend, aus dem Reifen ziehen.

Muß der Reifen ganz abmontiert werden, läßt man sich am besten helfen. Das gilt vor allem bei Schlepperhinterrädern. Der Helfer zieht mit einem Montierhebel den noch im Tiefbett befindlichen zweiten Wulst über das Felgenhorn, während man selbst mit einem gekröpften abgerundeten Montiereisen oder durch Hammerschläge den Reifen abzieht. Damit das leichter und ohne Beschädigung geht, schmiert man den Wulst vorher mit Talkum oder Schmierseife ein.

Beschädigte Reifen muß man vom Fachmann darauf prüfen lassen, ob sie noch verwendbar sind.

Rostige Felgen werden entrostet und mit Felgenlack oder Nitrofarbe gestrichen. Normale Lackfarben sind nicht geeignet, da sie nur langsam trocknen und daher kleben. Vor dem Aufziehen muß der Reifen immer mit Talkum eingepudert werden. Nun setzt man den Reifen so in die Felge, daß der Pfeil an der Seitenwand des Reifens in die Fahrtrichtung zeigt.

Der Reifen wird jetzt mit einem Montiereisen einseitig in die Felge gebracht. Mit dem Ventil beginnend, wird nun der mit wenig Luft aufgepumpte Schlauch eingelegt und die Ventilmutter einige Gewindegänge weit aufgeschraubt. Da das Ventil meist unsymmetrisch im Schlauch sitzt, ist auf richtiges Einlegen des Schlauches zu achten. Jetzt kann man den Reifen leicht aufziehen.
Mit zwei Montiereisen beginnt man ca. 20 cm links oder rechts vom Ventil und montiert rund um die Felge. Dabei muß man den Reifen immer wieder in das Tiefbett drücken. Kommt man in die Nähe des Ventils, geht es mit dem Montiereisen nur noch sehr schwierig. Mit einem Hammer wird das letzte Stück durch nach außen ziehende Schläge leichter in die Felge gebracht.
Beim Aufpumpen ist darauf zu achten, daß der Wulst gleichmäßig aus dem Tiefbett austritt. Man kann das erleichtern, indem man sich breitbeinig auf den Reifen stellt und wippt.

Vorgeschriebenen Reifendruck beachten.

Montage eines Sprengringreifens
Nachdem die Ventilmutter abgeschraubt und die Luft aus dem Schlauch ist, legt man das Rad so auf einen sauberen Untergrund, daß die Verschlußseite oben ist. Mit zwei Montierhebeln wird an der ringoffenen Seite beginnend der Hornring nach unten gedrückt. Nun zieht man mit dem linken Montierhebel den Sicherungsring aus der Nut.

Keine Gewalt anwenden, da sonst der Sicherungsring verbogen wird und keinen Halt mehr hat.

Gleichzeitig wird mit dem rechten Montiereisen der Ring Stück für Stück ausgehoben. Ist der Sicherungsring entfernt, kann der lose Hornring abgenommen werden. Je nach Konstruktion der Felge muß das Ventil nach innen gedrückt werden. Nun stellt man das Rad auf und zieht mit einem Montiereisen die Felge gleichmäßig aus dem Reifen. Vor dem Auflegen wird, wie schon erwähnt, Talkum in den Reifen gegeben. Nun legt man den

Abb. 71. Ein Gummihammer vermeidet Beschädigungen.
Abb. 72. Sicherungsring gleichmäßig ausheben.
Abb. 73. Der Hornring wird ebenfalls entfernt.

leicht aufgepumpten Schlauch und das Felgenband in den Reifen.
Beim Einlegen ist darauf zu achten, daß keine Falten entstehen!
Anschließend wird der vorbereitete Reifen über die Felge geschoben. Hat man die Reifenwulste zuvor mit Schmierseife eingeschmiert, macht dies keine Mühe.
Nachdem der Reifen ganz aufgeschoben ist, wird der Hornring wieder aufgelegt. Mit zwei Montiereisen drückt man den Hornring nun so weit nach unten, bis die Felgennut ganz sichtbar ist.
Der Sicherungsring wird dann, mit der offenen Seite dem Ventil gegenüberliegend, vorsichtig Stück für Stück wieder aufgelegt. Durch leichte Schläge mit einem Hammer auf den Ring kontrolliert man, ob er ganz eingesprungen ist.

Abb. 74. Der Sicherungsring ist auf Sitz zu prüfen.

Beim Aufpumpen das Rad so legen oder stellen, daß der Sprengring zum Boden bzw. zur Wand gerichtet ist.

Anschließend wird die Ventilmutter wieder handfest angezogen. Damit die Reifenmontage immer ohne Schwierigkeiten und Beschädigungen durchgeführt werden kann, ist es ratsam, sie alle ein zwei Jahre ohne zwingenden Grund durchzuführen, dies gilt für alle Reifenarten.
Das Montieren des Rades an Schlepper oder Maschine erfolgt in umgekehrter Reihenfolge wie beim Abmontieren. Die Radmuttern werden über Kreuz angezogen. Aus Sicherheitsgründen sollte man die Radmuttern von einem Helfer noch nachziehen lassen.

Die Radmuttern sind nach etwa 10 Betriebsstunden nochmals nachzuziehen. Dies erspart unliebsame Überraschungen.

Der richtige Luftdruck im Schlepperreifen
Zu geringer Luftdruck führt zum Walken des Reifens. Dadurch löst sich das Leinwandgewebe. Durch das Eindrücken des Reifenprofils wird der Gewebeunterbau zerstört. Zu hoher Luftdruck macht den Reifen unnötig hart und mindert die Federwirkung. Es treten beim Überfahren von Steinen und anderen Hindernissen starke Stöße auf, die der Reifen nicht abfangen kann. Gewebebrüche sind die Folge.
Die allgemeine Luftdruckvorschrift „0,8 bar (0,8 atü) auf dem Acker, 1,5 bar (1,5 atü) auf der Straße" gilt nicht mehr für alle Schlepperreifengrößen für Hinterräder. Der „Mindestluftdruck" ist für die Reifen bis zu 11 Zoll Nennbreite auf 0,8 bar (0,8 atü) begrenzt, breitere Reifen mit 12 Zoll und 13 Zoll müssen dagegen mit mindestens 0,9 bar (0,9 atü) aufgepumpt werden, für die Reifen mit 14 und 15 Zoll beträgt der Mindestdruck 1,0–1,1 bar (1,0–1,1 atü). Auch der „Höchstluftdruck" richtet sich nach Reifenbreite und Gewebeverstärkung, er ist erforderlich bei Zusatzbelastungen.
Nur bei ausgesprochenen Transportarbeiten auf guten Fahrbahnen sollte der „Straßenluftdruck" angewendet werden, er kann bis zu 2 bar (2 atü) betragen.
Je nach Belastung, Fahreigenschaft und Bodenbeschaffenheit sinkt die Lebensdauer eines Reifens:
– bei um 20% höherem Luftdruck auf 90%
– bei um 20% geringerem Luftdruck auf 85%
– bei um 40% geringerem Luftdruck auf 60%
– bei um 60% geringerem Luftdruck auf 25%
Überbelastungen führen ebenfalls zu Beschädigungen der Reifen.

Flicken eines Schlauches
Nachdem der Einstich oder die beschädigte Stelle am Schlauch festgestellt und angezeichnet wurde, ist diese entweder mit einem chemischen Aufrauer oder einem Stück sauberen Glaspapier gründlich zu reinigen. Handelt es sich bei der Beschädigung um einen Riß im Schlauch, dann müssen die Riß-

Abb. 75

Lieferprogramm und Tragfähigkeitstabelle für Ackerschlepper-Treibradreifen Profil A7

Dimension (neue Bezeichnung)	PR	Reifentragfähigkeit (kg) bei Luftdruck (bar) – Höchstgeschwindigkeit 30 km/h												
		0,8	1,1	1,3	1,4	1,6	1,7	1,8	2,0	2,1	2,3	2,4	2,6	2,7	2,8
7-30	4	350	420	465	485	525	545								
7,2-24	4	330	415	465	490	535	560	580							
8,3-24	4	420	505	555	580	625									
8,3-28	4	450	545	600	625	670									
8,3-32	4	475	580	640	665	715									
8,3-32	6					715	745	770	820	845	895	920			
9,5-24	6				740	800	830	860	910	940					
9,5-30	6	580	700	780	815	880	915	945	1005	1035					
9,5-32	6				840	910	945	975	1040	1065					
9,5-36	6				890	970	1005	1035	1100	1130					
11,2-24	6			845	890	975	1010	1045							
11,2-28	6			900	945	1035	1075	1115							
12,4-28	6		1005	1095	1140	1230	1275								
12,4-32	6		1070	1170	1220	1310	1355								
12,4-36	6		1135	1235	1285	1385	1440								
14,9-24	8				1510	1640	1700	1760							
14,9-28	6	1195	1405	1545	1610										
14,9-30	6	1235	1450	1595	1665										
14,9-30	8				1665	1805	1870	1940							
16,9-28	6	1415	1675	1840											
16,9-28	8			1840	1925	2095	2175								
16,9-28	10					2175	2250	2380							
16,9-30	6	1460	1730	1900											
16,9-34	6	1545	1830	2015											
18,4-26	8			1990	2175	2265									
18,4-30	8			2120	2320	2415									
18,4-34	6			2250											
18,4-34	8			2250	2465	2565									
18,4-38	8			2380	2615	2715									
14,9/80-24	10												2150		

Lieferprogramm und Tragfähigkeitstabelle

Dimension	PR	Reifentragfähigkeit (kg) bei Luftdruck (bar) – Höchstgeschwindigkeit 30 km/h								
		1,0	1,25	1,5	1,75	2,0	2,25	2,5	2,75	3,0	3,25
4,00-15	4	170	190	205	225	245	260	280	300		
4,00-16	4	180	200	220	240	260	280	300	320		
4,50-16	4	215	240	265	295	320	345	365			
5,00-16	4	245	270	300	325	350	370	390			
5,50-16	4	285	315	345	375	400	425				
5,50-16	6					425	450	475	500	525	
6,00-16	6					450	480	510	535	560	
6,00-19	4	365	405	440	475	510					
6,00-19	6					510	545	580	610	640	
6,50-16	6	375	410	450	485	520	555	590	615		
6,50-20	6	440	485	525	565	605	645	685	725		
7,50-16	6	505	555	605	650	700	745				
7,50-18	6	545	600	655	705	755	810				
7,50-20*	6	585	645	705	760	815	875				

* Frontreifen mit Treibradprofil A7 für Allradschlepper

53

enden mit einer Schere rund ausgeschnitten werden, damit diese nach der Reparatur nicht weiter reißen. Die gesäuberte Stelle ist nun gleichmäßig mit Vulkanisierflüssigkeit zu bestreichen. Die Finger dürfen dabei nicht fettig sein.

Nach kurzem Lufttrocknen wird der in der Größe passende Schlauchflicken nach Abziehen der Stanniolschutzfolie faltenfrei auf die Schadensstelle aufgelegt und durch Walgen mit dem Handballen oder Daumen gleichmäßig angepreßt. Damit der Schlauchflicken einen randlosen Übergang zum Schlauch bekommt, sollte man diesen anschließend mit einem Hammer auf einer glatten Gegenlage leicht klopfen.

Bevor man den nochmals im Wasser geprüften Schlauch einlegt, ist die Decke auf Fremdkörper zu untersuchen. Damit die Flickstelle an der Decke nicht festklebt, ist diese mit Talkum zu bepudern.

1.1.16 Wasserfüllung in den Reifen

Wasser in den Reifen ist die einfachste und billigste Zusatzbelastung.

Als Hilfsmittel zum Auffüllen des Wassers braucht man ein Wasserfüllgerät (die Hanauer Maus oder den Alligator-Wasserboy). Diese Geräte sowie das Frostschutzmittel für den Winter (Chlormagnesium) sind im Landmaschinenfachhandel erhältlich.

Beim Füllen eines Reifens muß der Schlepper aufgebockt werden, damit das Rad bodenfrei wird. Das Rad dreht man so, daß das Ventil oben ist. Nun wird der komplette Ventileinsatz herausgeschraubt. Wenn die Luft aus dem Reifen restlos entwichen ist, wird die Wasserfülleinrichtung eingesetzt (Abb. s. Seite 55). Im Sommer genügt reines Leitungswasser. Soll die Füllung ganzjährig im Reifen bleiben, muß dem Wasser Chlormagnesium, dem Frostschutz entsprechend, im richtigen Mischungsverhältnis beigemengt werden.

Zum Füllen mit reinem Leitungswasser verwendet man einen Schlauch mit Schraubstück, der an der Wasserleitung angeschlossen wird. In der kalten Jahreszeit müssen der Wasserfüllung geeignete Frostschutzmittel beigegeben werden, denn das gefrierende Wasser könnte die Reifen zerstören. Vorwiegend findet für diesen Zweck Chlormagnesium

Abb. 76. Risse an den Enden rund ausschneiden.
Abb. 77. Äußere Folie nach dem Aufkleben abziehen.
Abb. 78. Anpressen des passenden Flickens.

bzw. Magnesiumchlorid (MGCL 2 mit 46% Trocksubstanz) Verwendung. Der Bedarf an diesen Chemikalien zur Bereitung eines 253 °K (−20 °C) beständigen Frostschutzlösung ist aus der folgenden Tabelle gleichfalls ersichtlich.

Neben der Frostschutzwirkung bringt die Frostschutzlösung gleichzeitig eine nicht beträchtliche weitere Gewichtserhöhung. Bei der Zubereitung der Frostschutzlösung ist besonders darauf zu achten, daß das beim Chemikalienhandel erhältliche Chlormagnesium dem heißen Wasser unter ständigem Umrühren zugegeben wird und nicht umgekehrt. Es ist sehr wichtig, daß das Mittel vollständig aufgelöst wird. Keinesfalls darf die so zubereitete Lösung als Frostschutzmittel für Motorkühler verwendet werden. Umgekehrt eignen sich aber alle Kühlerfrostschutzmittel bestens für die Reifenfüllung (Alkohol oder Äthylen-Glykoll). Ihr Einsatz ist jedoch eine reine Preisfrage.

Das Mittel ist in das Wasser zu geben und nicht umgekehrt.

Mit einer Rückenspritze kann die Mischung von Hand in den Reifen gepumpt werden. Steht eine Feldspritze, die flüssigdüngerfest ist, zur Verfügung, kann man die Mischung für beide Räder im Spritzmittelbehälter herstellen und mit der Zapfwellenpumpe in die Reifen pumpen. Das Befüllen darf nur mit sehr geringem Druck (ca. $^1/_2$–1 bar) erfolgen. Beim Austreten des Wassers aus der Überlaufbohrung ist die Wasserfüllung beendet. Nachdem das Wasserfüllventil entfernt und der Ventileinsatz eingeschraubt ist, wird der Reifen wieder auf seinen vorgeschriebenen Luftdruck gebracht. Es ist ratsam, das Ventil beim Auf- oder Nachpumpen von Luft nach oben zu bringen.

Nach Beendigung der Arbeit muß die Spritze mit Pumpe durch längeres Spülen gründlich gereinigt werden.

Für die verschiedenen Reifengrößen sind unterschiedliche Füllmengen notwendig. Wieviel Chlormagnesium und Wasser in die Reifen zu füllen sind, zeigt die Wasserfüllungstabelle.

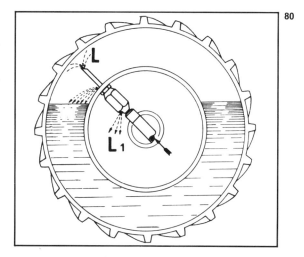

Abb. 79. Einsetzen der Wasserfülleinrichtung.
Abb. 80. Tritt das Wasser bei L 1 aus, Füllen beendet.
Abb. 81. Einschrauben des Ventileinsatzes.

Tabelle für Gewichte und Füllmenge -253 K (-20 C)

Reifen	Gewichts-erhöhung für 1 Reifen durch Wasserfüllung ca. kg	Angaben zur Bereitung der Frostschutzlösung – Bedarf an Chlormagnesium ca. kg	Menge des benötigten Wassers (Liter)	Gewichtserhöhung mit Frostschutzlösung ca. kg
6–24 AS	23	12	20	32
7.3/7–24 AS	40	16	30	46
7–30 AS	45	19	33	52
7–36 AS	50	21	37	58
8.3/8–24 AS	45	19	33	52
8.3/8–28 AS	55	23	40	63
8.3/8–32 AS	60	25	44	69
8–36 AS	65	28	47	75
9.5/9–24 AS	65	28	47	75
9.5/9–30 AS	73	31	53	84
9.5/9–32 AS	80	34	58	92
9.5/9–36 AS	95	40	69	109
9–42 AS	110	46	80	126
11.2/10–24 AS	75	32	54	86
11.2/10–28 AS	90	38	66	104
12.4/11–28 AS	125	53	91	144
12.4/11–32 AS	142	60	104	164
12.4/11–36 AS	160	68	116	184
12.4/11–38 AS	170	72	123	195
13.6/12–36 AS	200	85	145	230
14.9/13–24 AS	170	72	123	195
14.9/13–26 AS	180	77	130	207
14.9/13–28 AS	190	81	138	219
14.9/13–30 AS	200	85	145	230
16.9/14–30 AS	240	101	174	275
18.4/15–30 AS	285	121	207	328
18.4/15–34 AS	360	155	268	423
5,50–20 AS	25	11	18	29
7,00–18 AS	22	9	16	25
8,00–20 AS	40	17	29	46
9,00–24 AS	65	27	47	74
11,25–24 AS	95	40	69	109
12,75–28 AS	145	61	106	167
12–18 AS	105	45	78	123
15,50–38 AS	245	104	180	284

Für 243 K (–30 C): 10% weniger Wasser, 25% mehr Chlormagnesium

Da das Frostschutzmittel salziger Art ist, empfiehlt es sich, die naß gewordenen Felgen abzuspritzen, um eine Rostbildung zu verhindern.

Soll das Wasser wieder abgelassen werden, ist der Schlepper wie beim Auffüllen des Wassers aufzubocken.

Das Rad wird nun so gedreht, daß das Ventil unten steht. Wird vor dem Herausschrauben des Ventileinsatzes der Reifendruck noch auf etwa 3 bar (3 atü) erhöht, entweicht das Wasser schneller, und zwar bis zur Ventilunterkante. Den Rest muß man durch Einsetzen des Wasserfüllgerätes mit Schläuchchen und aufgeschraubten Ventileinsatz mit Druckluft herausdrücken. Das Wasser entweicht dabei durch die Überlaufbohrung.

Der Kompressor ist abzuschalten, wenn das Manometer etwa 2–3 bar (2–3 atü) anzeigt.

Abb. 82. Füllventil mit Schläuchchen einsetzen.
Abb. 83. Rest mit Kompressor herausdrücken.
Abb. 84. Wasser entweicht durch Überlaufbohrung „W".

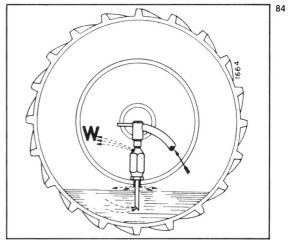

Da der Druck beim Austreten des Wasserstrahls gleichmäßig abfällt, muß man den Kompressor in Abständen wieder anschließen und Luft nachpumpen.
Durch leichtes Schaukeln des Rades und Hin- und Herdrehen der Wasserfülleinrichtung kann das Wasser fast restlos herausgedrückt werden.
Anschließend ist der Reifen wieder mit vorgeschriebenem Luftdruck aufzupumpen (s. Reifendrucktabelle).

1.2 Anhänger

1.2.1 Aufbau mit Zugeinrichtung

Um die Mängel und die notwendigen Reparaturen rechtzeitig erkennen zu können, müssen Anhänger vor dem Einsatz auf ihre Verkehrssicherheit überprüft und sollten wöchentlich einmal gründlich gereinigt werden. Wie leicht werden z. B. durch starke Schmutzablagerung Risse am Rahmen oder andere Beschädigungen nicht rechtzeitig gesehen; dies kann zu folgenschweren Unfällen führen.

Sind Rahmen- oder Aufbauteile beschädigt, dürfen diese nur vom Hersteller oder einer autorisierten Fachwerkstätte geschweißt werden.

Die mit der Verkehrssicherheit zusammenhängenden Einrichtungen sind besonders kritisch zu prüfen.
Zuggabel wie Anhängevorrichtung dürfen grundsätzlich nicht geschweißt werden; das gleiche gilt für die Bremsgestänge und die Bremshebel.

1.2.2 Feststellbremse

Beschädigte oder angeschliffene Drahtseile der Feststellbremse müssen sofort gegen neue ausgetauscht werden (Abb. 85). Dabei ist besonders die Seildicke zu beachten. Beim Einbau des neuen Seiles muß die Handbremse nach dem dritten Zahn am Segmentbogen einen merkbaren Widerstand aufweisen und die Bremswirkung an beiden Bremsbacken gleichmäßig sein (Abb. 86).

Ist das nicht der Fall, muß man durch Verstellen der Bremshebel an der Achse oder der Bremsschlüssel am Bremsteller eine Korrektur vornehmen.

1.2.3 Fall- und Auflaufbremse

Die Fall- und Auflaufbremse von Zweiachsanhängern ist so einzustellen, daß in abgekuppeltem Zustand die Zuggabel noch ca. 20 cm über dem Boden bleibt und eine blockierende Bremswirkung erzielt wird. Liegt die Zugöse fast auf dem Boden auf, muß eine Nachstellung am Bremsgestänge oder der Druckstange erfolgen. Dabei sind auch die Bremsbeläge auf ihre Dicke und den Zustand zu prüfen. Dazu müssen die Bremstrommeln abmontiert werden. Je nach Type der Bremstrommeln wird ein Ausbau der Radlager notwendig (s. Seite 106). Müssen Bremsbeläge erneuert werden, macht man diese Arbeit gemäß Kapitel „Bremsen belegen" (s. Seite 27).
Verölte Bremsbeläge müssen ebenfalls gegen neue ausgewechselt werden. Wird ein Ausdrehen der Bremstrommeln notwendig, erfordert dies z. T. den Einbau von Bremsbelägen mit Übergröße (Werkstattarbeit).

1.2.4 Druckluftbremse

Anhänger mit Druckluftbremse werden vom Zugfahrzeug mit Druckluft versorgt. Der Kompressor muß deshalb in die Wartungsarbeit mit einbezogen werden. Da der Aufbau des kompletten Bremssystemes verhältnismäßig kompliziert ist, sind Instandsetzung und Bremseinstellung Aufgabe von Spezialwerkstätten. Das sich im Druckluft-Vorratsbehälter sammelnde Kondenswasser ist von Zeit zu Zeit abzulassen (Bedienungsanleitung des Herstellers beachten). In der kalten Jahreszeit muß das gebildete Kondenswasser täglich abgelassen werden. Steht die Anlage unter Druck, ist beim Lösen der Ablaßschrauben besondere Vorsicht geboten. Es ist zweckmäßig, durch mehrmaliges Betätigen der Bremse den Druck im Kessel zu mindern.
Da in der Ablaßschraube eine Entleerungsbohrung ist, braucht diese nur einige Gewindegänge herausgeschraubt werden. Sollte die Bohrung durch Verunreinigung verlegt sein, ist sie mit ei-

Abb. 85. Angerissene Drahtseile sofort auswechseln.
Abb. 86. Bremswirkung nach dem 3. Zahn.
Abb. 87. Prüfen der Fall- und Auflaufbremse.

nem im Durchmesser passenden Stück Draht frei zu machen. Da sich eine Kondenswasserbildung nicht vermeiden läßt und die Bremsleitungen in der kalten Jahreszeit einfrieren können, sollte man in die Bremsanlage Frostschutzmittel (Glysantin) geben.

Zum Auffüllen wird eine Rohrleitung am Druckluft-Vorratsbehälter gelöst und etwa $1/4$ Liter Glysantin eingespritzt. Die meisten Fahrzeuge bzw. Anhänger sind serienmäßig mit einem Frostschützer oder einer Frostschutzpumpe versehen. Bei sehr kalter Witterung ist die Frostschutzmenge im Vorratsbehälter öfter zu kontrollieren und, wenn nötig, nachzufüllen. Die Kontrolle erfolgt über einen Meßstab (Bedienungsanleitung beachten). Die Bremsleitungen mit Verschraubungen sind täglich einer gewissenhaften Kontrolle zu unterziehen. Undichte Leitungen entweder erneuern oder, wenn möglich, neu abdichten.

Bremsschläuche, die an der Oberfläche Risse zeigen, durch Öl oder andere Einflüsse aufgequollen sind, müssen sofort ausgewechselt werden. Hierbei darf man nur Bremsschläuche der selben Qualität einbauen. Da die Kupplungen an den Schlauchenden meist eingeschraubt oder eingequetscht sind, besteht die Möglichkeit, diese wieder zu verwenden. Die Bremsschläuche sind als Meterware zu beziehen.

Damit die Kupplungen der Bremsschläuche nicht

Abb. 88. Aufgequollene oder poröse Bremsschläuche müssen sofort ausgewechselt werden.

verschmutzt bzw. beschädigt werden, sind die Schutzkappen nach dem Abkuppeln sofort aufzustecken.

Defekte Teile der Bremsanlage nicht durch provisorische Reparaturen weiter in Betrieb halten.

2 Wartung von Bodenbearbeitungs- und Düngegeräten

2.1 Pflüge

Vor dem Anbau des Pfluges an den Schlepper und dem ersten Einsatz sollten die Grindel und Körper auf ihre gleichmäßigen Abstände und Stellungen zueinander geprüft werden. Diese Kontrolle lohnt sich, da ungleich arbeitende Pflugkörper einmal wesentlich mehr Kraftbedarf bedingen und zum anderen ein schlechtes Furchenbild hinterlassen.

2.1.1 Prüfen und Einstellen

Man stellt den Pflug auf einer ebenen Fläche ab und legt ein kräftiges gerades Vierkantholz parallel an die Anlage des hinteren Pflugkörpers. Das Holz muß solang sein, daß es bis zum vorderen Pflugkörper reicht. Der Anbaubock muß zu dem Holz im rechten Winkel stehen. Nun werden die Abstände der einzelnen Pflugkörper zum angelegten Holz gemessen. Diese müssen alle gleich sein (Abb. 90, Seite 60). Ist der Pflug mit Meißel- oder Schnabelscharen ausgestattet, ist es ratsam, diese abzubauen oder mit gleich starken Unterlagen unter jedem Körper zu versehen, weil man dann gleichzeitig die Stellung der einzelnen Anlagen kontrollieren kann. Sie müssen vollkommen eben auf dem Boden liegen. Werden Abweichungen festgestellt, nimmt man die notwendige Korrektur an

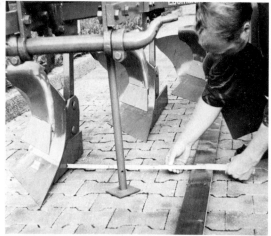

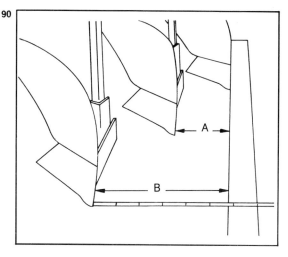

Abb. 89. Latte am letzten Körper winkelrecht anlegen.
Abb. 90. Auf gleiche Abstände ist zu achten ($B = 2 \times A$).
Abb. 91. Einstellschraube für Pflugkörper.

den Einstellschrauben der einzelnen Pflugkörper vor.
Vor der Überprüfung müssen sämtliche Schrauben und Bolzen auf ihren festen Sitz kontrolliert werden. Auch kleine maßliche Abweichungen von einem Körper zum anderen müssen behoben werden. Meist hilft hier ein kräftiger Schlag mit dem Vorschlaghammer. Das Ausrichten sollte man im kalten Zustand des Materials vornehmen. Stark verbogene Rahmenteile sollten gegen neue Teile ausgewechselt werden.
Wird ein Pflugteil im Schmiedefeuer oder mit dem Autogenschweißapparat angewärmt, ist darauf zu achten, daß das Material nicht verbrannt wird. Es darf nicht auf Weißglut gebracht werden. Überhöhte Erwärmung mindert die Festigkeit des Stahles und plötzliches Abkühlen des Materials mit Wasser erhöht die Bruchgefahr. Nach dem Ausrichten und Zusammenbau der Pflugkörper muß der Pflug nochmals vermessen werden.

2.1.2 Prüfen von Unter- und Seitengriff

Sind die Pflugschare wieder angebaut, wird der Unter- und Seitengriff der Schare geprüft. Der Untergriff darf nicht weniger als 10 mm betragen. Ist er geringer, müssen die abgenützten Schare entweder ausgeschmiedet, aufgeschweißt oder gegen neue ausgetauscht werden. Da zum Ausschmieden ein Schmiedefeuer notwendig ist, kann man diese Art der Reparatur auf dem Hof meist nicht durchführen. Das Auftragsschweißen ist schon zur Selbstverständlichkeit geworden. Hierzu sollte man nur Stahlelektroden verwenden. Die aufgeschweißten Schare sind nun durch Schleifen wieder auf Form zu bringen. Es kommt darauf an, daß alle reparierten Schare im Untergriff gleich sind. Durch das Anschweißen von Meißelspitzen oder Federstahlblättern kann man den Untergriff noch vergrößern, was beim Pflügen sehr schwerer Böden von Vorteil ist.

2.1.3 Streichbleche

Die Streichbleche sind an ihren Schnittkanten dem Verschleiß sehr stark ausgesetzt. Auch hier ist die

Auftragsschweißung eine billige Selbsthilfe. Da die Streichbleche z. T. aus einem Dreischichtenstahl bestehen, ist ein nachträgliches Härten nicht mehr möglich, deshalb müssen auch hier Stahlelektroden mit der vorgeschriebenen Festigkeit verwendet werden.
Damit das aufgeschweißte Material wieder gleichmäßig aushärtet, sollte man mehrere Lagen auftragen. Anschließend muß die Schweißstelle mit dem Winkelschleifer vollkommen glatt abgeschliffen und das Streichblech auf Form gebracht werden. Das Bearbeiten mit einer Feile wäre sinnlos, da sie wegen der Härte der Schweißnähte nur beschädigt würde.
Ist das Streichblech an der Vorderseite sehr stark ausgearbeitet, sollte man sich die Arbeit der Auftragsschweißung nicht mehr machen, da die Kosten für die Elektroden und somit für die Reparatur zu hoch sind. Zudem bieten die meisten Pflughersteller schon geteilte Streichbleche an, bei denen das vordere Verschleißstück mit wenigen Griffen ausgewechselt werden kann. Ist ein Streichblech gebrochen, kann es ebenfalls geschweißt werden (Rückseite verstärken).
Etwa auftretende Spannungen vermeidet man, indem man nach dem Schweißen das Streichblech an der Schweißstelle nochmals mit dem Gasschweißbrenner nachwärmt und spannungsfrei macht. Diese Reparatur bedarf aber einer bestimmten Fachkenntnis und sollte dem Schweißfachmann überlassen bleiben. Vor jedem Einsatz des Pfluges sollten die Schleifklötze und Anlagen auf ihren Zustand kontrolliert werden.
Die Vorwerkzeuge, wie Scheiben- oder Messersече, sind dem Verschleiß besonders stark ausgesetzt und müssen, da sie als Schneidwerkzeuge den Erdbalken von der Furchenwand trennen, scharf sein. Ist das Scheibensech in seinem Durchmesser schon so weit abgenützt, daß es nicht mehr die gewünschte Schnittiefe bringt, muß es komplett ausgewechselt werden, weil bei dieser Abnützung meist das Lager auch schon ausgelaufen ist.
Verschiedene Scheibenseche sind mit Gleitlagern (einfache Gußeisenbüchsen) versehen, diese müssen täglich mehrmals geschmiert werden, damit der in die Lager dringende Ackerboden herausgedrückt wird. Hat das Scheibensech Nadel- oder Rillenkugellager, ist auf die seitliche Abdichtung besonders zu achten. Eindringender Schmutz würde die Lager in kürzester Zeit zerstören und die Lagergehäuse unter Umständen sprengen.
Das Ab- und Aufnieten der Scheiben ist mit sehr viel Zeitaufwand verbunden. Beim Aufnieten ist es ratsam, die Nieten mit dem Gasschweißbrenner hellrot anzuwärmen, damit die Nietenschäfte beim Anstauchen einen satten Sitz bekommen und die Sechnabe nicht wackelt. Bevor die gut eingefetteten Lager eingepreßt werden, ist zu prüfen, ob der Schmiernippel gängig ist. Nach dem Einbau der Lager ist noch soviel Fett einzupressen, daß es beidseitig sichtbar austritt. Man setzt nun die Abdichtringe wieder ein.
Das auf steinigen Böden eingesetzte Messersech kann wie ein Pflugschar nach Verschleiß mehrmals mit Stahlelektroden aufgeschweißt und scharf gemacht werden. Bei den kleinen Schneidwerkzeugen von Vorschälern und Düngereinlegern ist die Reparatur durch die Auftragsschweißung nicht zu empfehlen, da der Aufwand an Schweißmaterial und Arbeitszeit zu groß wäre. Ist der Pflug mit einer Steinauslösung oder Bruchsicherung versehen, wird die Einstellung genau nach der Betriebsanleitung vorgenommen, da diese von Fabrikat zu Fabrikat verschieden ist.

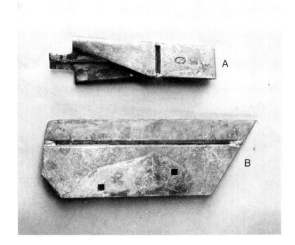

Abb. 92. Scharreparatur durch Anschweißteile (A = Meißelschar; B = Klingenschar).

Steinsicherungen, die mit Stickstoff gefüllten Druckausgleichsbehältern versehen sind, dürfen nur mit dem vorgeschriebenen Druck vorgespannt werden. Ein Überhöhen des Druckes könnte zum Explodieren der Druckbehälter führen.

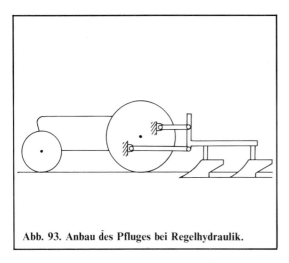

Abb. 93. Anbau des Pfluges bei Regelhydraulik.

2.1.4 Anbau und Einstellen der Schlepperanbaupflüge sowie der Vorwerkzeuge

Bei Pflügen, die mit der Regelhydraulik gesteuert werden, müssen der Ober- und die Unterlenker zueinander fast parallel verlaufen. Der Pflug soll in seiner Grundeinstellung in angebautem Zustand am Schlepper auf ebenem Boden nach hinten, wie zur Seite waagrecht stehen. Beim Anbau eines Volldrehpfluges sind die beiden Unterlenker des Schleppers zuvor auf gleiche Höhe vom Boden zu bringen.

Wird der Pflug in Schwimmstellung eingesetzt, muß der Oberlenker so angebaut werden, daß sich die gedachte Verlängerung mit der Ebene der beiden Unterlenker, etwa 1/3 vor der Hinterachse, treffen (Idealer Zugpunkt). Die Grundeinstellung

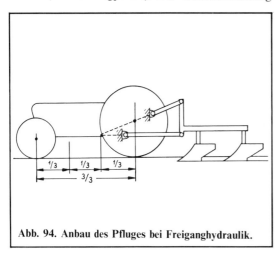

Abb. 94. Anbau des Pfluges bei Freiganghydraulik.

ist dann wie bei der Regelhydraulik durchzuführen.

Das Messersech ist so anzubauen, daß es mit seiner Spitze etwa zwei Fingerbreiten über und vor der Scharspitze zu stehen kommt. Es muß bis zu 2 cm in das ungepflügte Land ragen.

Das Scheibensech soll mit seiner Achse möglichst über der Scharspitze und etwa 8 cm (eine Handbreite) über dem Ackerboden sein. Die Einstellung zum ungepflügten Land (ca. 2–4 cm) erfolgt durch die gekröpfte Sechhalterung. Scheibenseche mit besonders großen Durchmessern sind vorteilhafter.

Die Vorschäler und Düngereinleger werden so angebaut, daß sie nur 4–6 cm tief arbeiten.

2.1.5 Einwintern von Pflügen

1. Gründliche Reinigung nach dem Einsatz.
2. Verschleißteile kontrollieren und, wenn nötig, in Ordnung bringen.
3. Sämtliche Verschraubungen nachziehen und die Pflugkörperabstände nachmessen. (Verbogene Grindel ausrichten, bzw. austauschen.)
4. Sämtliche Lager und Einstellspindeln auf Gängigkeit prüfen und abschmieren.
5. Alle blanken Teile mit Rostschutzmittel einpinseln (z. B. Rustban von Esso).

2.2 Bodenfräse

Vor jedem Einsatz sollte man den Ölstand im Getriebe kontrollieren und jährlich einmal das Öl wechseln. Bevor das neue Öl aufgefüllt wird, sollte das Getriebegehäuse durchgespült werden. Verbogene, abgenützte oder gebrochene Fräsmesser nicht reparieren oder gar schweißen, sondern nur Originalersatzteile verwenden und sämtliche Verschraubungen und Halterungen wieder gewissenhaft anziehen; durch die hohe Drehzahl der Fräswelle könnte Nachlässigkeit zum Unfall führen. Sind Reparaturen an der Gelenkwelle notwendig, s. Kapitel „Wartung der Gelenkwelle" Seite 109.

2.3 Mineraldüngerstreuer

Da der Handelsdüngerstreuer fast nur aus Stahl besteht, sind ungeschützte Teile dem Rost sehr stark ausgesetzt. Er muß deshalb nach jedem Einsatz gründlich gereinigt und eingesprüht werden. Der bodenradgetriebene Kastenstreuer ist mit einem seitlich angebauten Zahnradgetriebe versehen. Auf ständige Schmierung der Gleitlager ist hier besonders zu achten. Die Zahnflanken hingegen dürfen nicht geschmiert werden, da sie meist offen laufen. Eine Verunreinigung der irrtümlicherweise geölten Zahnräder durch Düngerstaub oder Schmutz würde zu vorzeitigem größerem Verschleiß führen. Zu beachten ist, daß die Verteilerwalzen und Streuaggregate nicht mit Öl und Fett beschmiert werden, da sonst der Dünger verklebt.

Beim Dreipunktgerät werden die Schleuderscheiben meist durch ein Winkelgetriebe angetrieben. Die Wartung ist hierbei sehr einfach. Das Öl im geschlossenen Untersetzungsgetriebe sollte alle 400–500 Betriebsstunden, mindestens aber alle 3 Jahre, gewechselt werden, weil sich durch die Erwärmung und Abkühlung des Öles Kondenswasser bildet. Das führt zu Rostablagerungen im Getriebegehäuse und greift die Kugellager sowie Dichtungsringe an. Das Gestänge des Mengeneinstellschiebers muß spielfrei sein, um Abweichungen in der Streumenge zu vermeiden. Bei Pendelstreuern ist zum Antrieb des Streurohres ein Kreuzgelenk eingebaut. Dieses muß vor jedem Einsatz an den dafür eingepreßten Nippeln solange abgeschmiert werden, bis das Fett sichtbar austritt. Vor allem nach der Reinigung mit Wasser ist dies besonders wichtig. Beim Großflächenstreuer ist auf gleichmäßige Spannung des Kratzbodens zu achten.

Während des Einsatzes sollten die Antriebsketten nicht eingeölt oder mit Fett bepinselt werden, da der große Staubanfall einen schnellen Verschleiß der Ketten herbeiführt.

2.4 Stalldungstreuer

Da der Stalldung die blankgescheuerten Metallteile sehr schnell anfrißt, ist es notwendig, Stalldungstreuer unmittelbar nach dem Einsatz zu reinigen und nach dem Trocknen mit Öl einzusprühen. Hierzu eignet sich geklärtes Ablaßöl sehr gut und ist am billigsten. Werden noch die Holzteile mit Karbolineum oder anderen Imprägnierungsmitteln behandelt, erhöht sich die Lebensdauer. Auf den Kratzboden und dessen Antriebsteile ist ein besonderes Augenmerk zu richten. Sind Leisten verbogen, müssen sie sofort ausgerichtet werden. Diese Arbeit macht man am besten mit zwei schweren Hämmern.

Geplatzte Glieder der Kratzbodenketten sollen grundsätzlich durch neue ersetzt und nicht geschweißt werden, weil durch Elektroden geringerer Festigkeit die erforderliche Zugfestigkeit der Kette nicht wieder erreicht wird, was dann zu neuen Störungen und sehr starken Beschädigungen führt. Nach der Reparatur des Kratzbodens oder dem Einsetzen von Kettengliedern ist die richtige Spannung der Kette wieder herzustellen. Sie ist dann korrekt, wenn die Leisten des Kratzbodens nicht mehr als 4–6 cm durchhängen oder sich vom Boden abheben lassen. Zu starke Spannung, besonders bei älteren Lagern und Ketten, kann zum Bruch führen. Lockere Ketten überspringen die

Abb. 95. Spannschrauben gewissenhaft sichern.

Antriebsräder und werden ungleich gedehnt. Dabei runden sich die Nocken der Antriebsräder ab. Die Ketten laufen dann schräg, und das bedeutet Bruchgefahr. Beim Nachspannen müssen die Spannvorrichtungen auf beiden Seiten gleichmäßig angezogen werden, sonst führt das auch zum Schräg-Lauf der Kette. Gedehnte oder überzogene Kratzbodenketten nur paarweise auswechseln.

Das Nachspannen muß an beiden Stellschrauben gleichmäßig erfolgen.

Sind Wurfelemente an den Streuwalzen ausgebrochen oder verbogen, sollte der Schaden schnellstens behoben werden, da dies zum ungleichmäßigen Einzug des Mistes führt. Dadurch können Störungen im Antriebsaggregat (Winkelgetriebe) auftreten.

Das Getriebeöl ist jährlich einmal zu wechseln.

Zur Instandsetzung sollen nur Profileisen in der gleichen Länge und mit dem gleichen Gewicht angeschweißt werden, da sonst Unwucht entsteht.

3 Wartung von Saat- und Pflegegeräten sowie Motorsägen

3.1 Mechanische Drillmaschinen

Zur einwandfreien Funktion und zur Erhaltung der Maschinen sind alle Schmiernippel des öfteren mit Mehrzweckfett abzuschmieren. Diese Arbeit sollte man vor allem vor dem Einsatz sehr gewissenhaft machen, damit das alte, verkrustete Fett aus den Lagerstellen ausgedrückt wird. An den Ketten und Zahnflanken, die in einem geschlossenen Gehäuse laufen, also staubfrei sind, ist von Zeit zu Zeit mit einem Pinsel Graphitölgemisch aufzutragen. Laufen die Zahnräder oder Ketten frei, dürfen sie unter keinen Umständen geschmiert werden.

Auch alle Teile, die mit dem Saatgut in Berührung kommen, sind fett- und ölfrei zu halten.

Ist die Drillmaschine mit einem Ölbadgetriebe versehen, braucht das Öl nur alle 3–5 Jahre gewechselt werden. Beim Reinigen der Drillmaschine sollte man den Saatgutbehälter, die Bodenklappen und die Schieber auf keinen Fall mit Wasser ausspritzen. Anhaftendes Beizmittel ist sehr sauber zu entfernen, da sonst die Gefahr der Rostbildung besonders groß ist. Die Kunststoffteile an Drillmaschinen sind nur mit Wasser und Preßluft zu reinigen und gegebenenfalls trocken zu reiben. Die gleichmäßige Federspannung der Bodenklappen ist für eine einwandfreie Funktion besonders wichtig. Nach einer Korrektur sind die Kontermuttern wieder gewissenhaft festzuziehen. Verbogene oder eingeknickte Särohre aus Stahl werden mit einem passenden Stück Rundstahl ausgerichtet; hierbei ist der Rundstahl in das Rohr zu stecken. Sind Säscharhalter verzogen, werden diese wieder in Form gebracht. Beim Einbau der gerichteten Scharhalter genauen Reihenabstand herstellen. Ausgeschlagene Drehpunkte der Hebelarme bohrt man auf und setzt wieder passende Bolzen oder Stahlschrauben ein. Das jährliche Abschmieren der Laufräder darf auf keinen Fall übersehen werden. Diese Arbeit wird vor dem Einsatz durchgeführt. Bei neueren Drillmaschinen sind die Säschare mit Schutzbügel versehen, die beim Zurückrollen ein Verstopfen der Scharausläufe verhindern. An alte Drillmaschinen, deren Scharausläufe sehr eng sind, sollte man ebenfalls Schutzbügel anbringen. Dazu müssen auf jedes Schar oder jeden Scharhalter kurze Flacheisen mit Bohrung aufgeschweißt werden; an diese schraubt man die Schutzbügel. Bevor die Maschine eingewintert wird, ist sie gründlich zu reinigen. Wird der Saatgutbehälter mit Wasser ausgespritzt, ist er anschließend trocken zu reiben. Das Wasser, welches noch in den Lagern verbleibt, wird durch anschließendes Abschmieren herausgedrückt.

Nach dem Abschmieren und vor dem Einwintern der Maschine sämtliche Wellen und Antriebsräder noch mehrmals durchdrehen, damit das Fett gleichmäßig verteilt wird und sich kein Rost ansetzen kann.

3.2 Einzelkornsägeräte für Rüben und Mais

Vor dem Einsatz sind die Säaggregate auf den gewünschten Reihenabstand zu bringen. Das Ausmessen und Einstellen sollte man grundsätzlich von der Mitte aus nach links und rechts gleichmäßig durchführen.

Beim Abschmieren des Gerätes dürfen Kunststofflager auf keinen Fall geschmiert werden.

Die Bohrungen der Zellenräder oder Lochscheiben sind gewissenhaft zu reinigen, damit bei der Ablage des Saatgutes keine Fehlstellen auftreten. Soll der Ablageabstand verändert werden, ist darauf zu achten, daß bei bodenangetriebenen Geräten die Ketten wieder ihre richtige Spannung erhalten. Bei Einzelkornsämaschinen mit einem Gebläse darf die vom Hersteller vorgeschriebene Zapfwellendrehzahl nicht überschritten werden. Beträgt z. B. die zulässige Antriebszahl 420 U/min, so ist der Schleppermotor nach dem Drehzahlmesser auf die Drehzahl einzustellen, bei der die Zapfwelle 420 U/min macht, hier aber etwa auf $^3/_4$ der Nenndrehzahl.

Besondere Vorsicht ist geboten, wenn der Schlepper auch eine Zapfwellenschaltung für 1000 U/min hat.

Der Gebläsedruck ist in Millimeter-Wassersäule angegeben (mm WS), z. B. 1000 mm WS = 0,1 bar (0,1 atü). Der Druck darf bei Leerfahrten nicht unter 300–400 mm WS absinken. Es würden sonst die aus der Zelle überstehenden Körner am Düsenrand abgeschert werden, und der Körnerbruch würde das Schutzgitter der Düse verlegen. Ist dieser Fehler aufgetreten, muß man die Düse sofort abschrauben und die Bruchstücke entfernen.

Zur Sicherheit sollte man nur mit fest eingestellten Handgas fahren.

Wird gebeiztes Saatgut ausgebracht, ist die ganze Maschine gleich nach dem Einsatz wieder gründlich zu reinigen, da Beize und Luftfeuchtigkeit zum Rosten führen. Nach der Reinigung soll die Maschine mit Rostschutzmitteln, wie z.B. Rustbanflüssig, eingepinselt oder eingesprüht werden.

3.3 Kartoffel-Legemaschinen

Bei den vollautomatischen Kartoffel-Legemaschinen treten die Störungen meist am Fehlstellenausgleich auf. Eine auf dem Vorratsbehälter angebrachte Vorrichtung tastet entweder mit einem Finger oder einem Tastrad die Becher der Förderkette ab. Die Ursache bei Störungen ist zum größten Teil ungenügende Schmierung.

Das Sperrad muß auf der Oberfläche fettfrei bleiben, damit es nicht durch anhaftenden Ackerboden hängenbleibt.

Dreht sich der Reservebehälter beim Fehlen von Kartoffeln im Becherwerk nicht voll um eine Zelle weiter, ist das ein sicheres Zeichen, daß die Sperrklinke nicht ganz in das Sperrad einrastet. In diesem Fall muß das Schubgestänge nachgestellt werden; die richtige Federspannung ist herbei sehr wichtig. Fallen Kartoffeln während des Legevorganges aus den Bechern, ist die Becherkette zu locker. Das Nachspannen muß auf beiden Seiten gleichmäßig erfolgen. Bei Beschädigungen an der Kette ist diese zur Reparatur auszubauen. Da diese Arbeit von Type zu Type verschieden ist, sollte man sich nach der Betriebsanleitung richten.

Einmal aufgebogene Förderkettenglieder müssen gegen neue ausgewechselt werden, da die alten Glieder meist beim Zubiegen an der Bugstelle einreißen.

Die beschädigten Kettenglieder werden leicht aufgebogen und seitlich herausgezogen. Der Einbau der Förderkette wird erleichtert, indem man mit einer Leine die Förderkette im Legerohr nach oben zieht.

Um das richtige Auflegen der Becherkette zu erleichtern, ist meist ein Zahn des Antriebskettenrades besonders gekennzeichnet. Auf diesen Zahn muß ein Kettenglied treffen, welchem ein Becher folgt.

3.4 Pflanzenschutz-Spritze

Je nachdem wie viele Betriebsstunden die Spritze im Einsatz ist und welche Spritzmittel verwendet werden, unterliegt sie einem größeren oder geringeren Verschleiß. Die laufende Pflege und Kontrolle erhöht deshalb nicht nur die Lebensdauer der Spritze, sondern sichert ihre Einsatzbereitschaft und den genauen Ausstoß der vorgeschriebenen Spritzbrühmenge.

Die dem Verschleiß am häufigsten unterworfenen Teile, wie Pumpe mit Saug- und Druckventilen, Filter, Druckspeicher, Druckregelventil mit Manometer, Schläuche und Verbindungen, Düsen und Rückschlagventile mit Filter, sind besonders gewissenhaft zu kontrollieren. Diese Kontrolle nimmt man am besten vor dem ersten Einsatz im Frühjahr vor.

3.4.1 Pumpe mit Saug- und Druckventilen

Die Antriebsteile von Kolbenpumpen laufen meist im Ölbad. Der Ölwechsel sollte alle 200 Stunden und grundsätzlich im warmen Zustand gemacht werden. Sind Gummischlauchkolben beschädigt oder verhärtet, so sind sie gegen neue auszutauschen. Bei der Demontage der Kolbendeckel ist auf gleichmäßiges Lösen der Schrauben zu achten. Mit einem Spezialschlüssel, der dem Werkzeug beigelegt ist, löst man nun die Gummischlauchkolbenverschraubung. Mühelos lassen sich dann die Gummikolben ausbauen. Beim Einsetzen der neuen Gummikolben ist es sinnvoll, diese leicht mit graphithaltigem Öl oder mit Schmierseife zu benetzen. Die Schrauben für die Spannung der Gummischlauchkolben werden soweit angezogen, daß beim Probelauf mit Wasser an der Kontrollöffung kein Wasser austritt. Sind Saug- oder Druckventile defekt, sollte man diese nur im Satz austauschen.

Abb. 96. Auf Abdichtung der Ventilsitze achten.
Abb. 97. Membrane richtig einsetzen.

Sind die Kegelsätze beidseitig verwendbar, werden diese gewendet und nur die Ventile ausgetauscht.

Beim Zusammenbau die Kolbendeckelschrauben gleichmäßig über Kreuz anziehen. Kolbenpumpen nie trocken laufen lassen.

Die Kolbran- oder Kolbenmembranpumpe muß alle 50 Betriebsstunden mit neuem Öl versorgt werden. Der Ölstand ist dann richtig, wenn er bis zur Mitte des Schauglases reicht. Nachdem man die Pumpe mehrmals von Hand durchgedreht hat, wird der Ölstand nochmals kontrolliert. Tritt beim Durchdrehen bzw. während des Betriebes Öl aus dem Öleinfüllstutzen aus, zeigt dies an, daß ein Membranbruch vorliegt.

Zum Auswechseln der Membrane müssen die Schrauben vom Ventildeckel gelöst werden. Nachdem der Ventildeckel entfernt ist, wird die Membrane zugänglich. Beim Einsetzen der neuen Membrane bringt man den Kolben auf Mittellage, in welcher er bis zum völligen Zusammenbau der Pumpe bleiben muß. Vor dem Einbau der Membrane ist der zwischen Membrane und Kolben liegende Keilring auf Schäden zu untersuchen. Die Membrane muß beim Einsetzen in ihrem Einpaß sitzen. Dabei muß die Aufschrift „außen" oder „oben" zum Ventildeckel zeigen. Bei dieser Gelegenheit ist es auch ratsam, die Saug- und Druckventile zu überprüfen (Abb. s. S. 67).

Ist die Membrane mit dem Pumpenkolben verschraubt, muß man beim Einsetzen auf festen Sitz

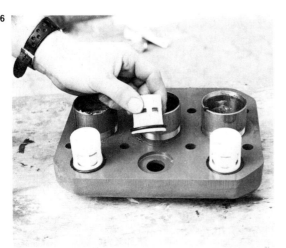

der Schraube achten. Nachdem man den Ventildeckel wieder auf den Pumpenzylinder aufgesetzt hat, sind die Schrauben gleichmäßig über Kreuz nur so fest anzuziehen, daß sich die Antriebswelle mit Pumpenkolben noch leicht drehen läßt. Die Pumpe ist anschließend auf Dichtheit zu prüfen. Das erfolgt durch kurzes Laufenlassen und Fördern von klarem Wasser.

3.4.2 Filter

Der Saugfilter zwischen Faß und Pumpe muß täglich auf Sauberkeit überprüft werden. Da die Filterbecher meist durchsichtig sind, können Verschmutzungen während des Einsatzes schnell festgestellt werden.

3.4.3 Druckspeicher

Eine Beschädigung der Druckspeichermembrane zeigt sich dadurch, daß die Förderung auch bei konstanter Zapfwellendrehzahl plötzlich stoßweise erfolgt, dabei pendelt der Manometerzeiger. Der Druckspeicher hält auch beim Nachpumpen keine Luft mehr. In diesem Fall muß man den Druckspeicherdeckel abschrauben und die beschädigte Membrane gegen eine neue ersetzen.

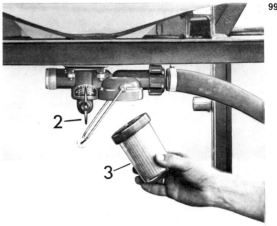

Der Druckspeicher muß bei dieser Arbeit drucklos sein.

Bevor die neue Membrane eingesetzt wird, sind sämtliche Dichtflächen gründlich zu reinigen. Nun wird der Druckspeicherdeckel wieder mit dem Gegenstück verschraubt. Bevor die Pumpe wieder in Betrieb gesetzt wird, muß der Druckspeicher noch auf Dichtheit geprüft werden. Dazu wird der Speicher unter Druck gesetzt und unter Wasser getaucht. Der Speicherdruck darf für den Niederdruckbereich 1,5–2,5 bar (1,5–2,5 atü) und für den Hochdruckbereich 4–6 bar (4–6 atü) nicht übersteigen. Stellt man beim Ausbau der Membrane keine Beschädigung fest, kann das stoßweise Fördern auch dadurch auftreten, daß eines der Ventile hängt oder beschädigt ist. In diesem Fall muß das entsprechende Ventil mit Sitz ausgewechselt werden (s. Seite 66/67).

Abb. 98. Saug- und Druckventile überprüfen.
Abb. 99. Filter „3" täglich säubern.
Abb. 100. Gewinde mit Graphitfett beschmieren.

3.4.4 Druckregulierventil mit Manometer (Synchronregler)

Von der Pumpe wird die Flüssigkeit über den Druckausgleichbehälter zum Druckregulierventil gefördert. Zeigt das Manometer keinen Druck an, obwohl die Pumpe fördert, ist die Störung meist am Ventil des Einstellkörpers zu suchen. Hierbei können Fremdkörper oder Ventilverschleiß die Ursache sein. Nun muß das Druckregelventil zerlegt werden.
Die Einzelteile legt man auf einen sauberen Untergrund. Wird ein Bruch der Feder festgestellt, darf man nur eine Originalfeder nach der Ersatzteilliste einsetzen, da der Ausstoß sonst von seinen in der Tabelle angegebenen Richtwerten abweichen würde. Der rote Strich auf der Skala des Manometers zeigt den Höchstdruck an, der erreicht werden darf. Wird dieser überschritten, kann das zu Beschädigungen des Manometers führen. Eine Reparatur ist nicht möglich.
Damit der Spritzdruck auch im Zehntelbereich genau eingestellt werden kann, ist der Druckmanometer mit Glyzerin gefüllt, der die Nadelschwingungen dämpft. Bei ständigem Pendeln des Manometers muß eine Kontrolle desselben erfolgen. Hierzu ist ein Gerät mit einem geeichten Vergleichsmanometer notwendig. Die zulässige Abweichung darf ±2,5% nicht übersteigen.

Nach Ende der Spritzarbeit soll die Regulierschraube wieder zurückgeschraubt werden, damit der Druckregler entlastet ist.

3.4.5 Schläuche und Verbindungen

Abgesehen von falscher Bedienung bringen undichte bzw. schadhafte Schläuche und Schlauchverbindungen erhebliche Spritzschäden. Poröse Schläuche sind deshalb sofort und nur gegen Originalersatzteile auszutauschen. Sämtliche Schläuche kann man im Meterware beim Fachhandel bekommen. Beim Ablängen der neuen Schläuche kommt es darauf an, daß die Längen der alten Schläuche genau eingehalten werden.

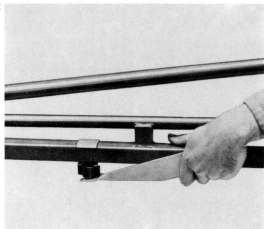

Abb. 101. Manometerkontrolle mit Prüfgerät.
Abb. 102. Einstellehre für Düsen-Verdrehungswinkel.
Abb. 103. Düsenstock mit Düse und Rückschlagventil.

Störungen	Ursachen	Abhilfen
Pumpe saugt nicht an	Saugsiebzufluß geschlossen. Filtersieb im Saugsieb verstopft. Schläuche oder Anschlüsse undicht. Pumpenventilsitz verschmutzt. Ventilkugeln kleben	Beschädigte Teile auswechseln. Bandagen anziehen. Dichtungen kontrollieren und ergänzen. Ventilsitz und Kugel reinigen
Düsen verstopft	Einfüll- oder Saugsiebe fehlen oder sind schadhaft. Spritzbrühereste haben sich festgesetzt	Fehlende Siebe ergänzen oder auswechseln. Gerät nach Einsatz durchspülen und reinigen
Manometer zeigt keinen Druck an	Druck am Regelventil nicht eingestellt. Sicherheitsventil defekt. Exzenterhebel am Regelventil ist nicht in Betriebsstellung. Manometer verstopft	Betriebsdruck richtig einstellen. Reparatur in Fachwerkstätte. Handrad nach rechts drehen. Manometer abschrauben. Einlaßöffnung reinigen. Dichtung auf Durchlaß überprüfen
Druck läßt nach	Unzureichende Drehzahl der Pumpe. Pumpenventile verschmutzt oder schadhaft. Ausbringmenge höher als Fördermenge der Pumpe	Drehzahl erhöhen. Siehe entsprechende Pumpen-Bedienungsanweisung. Weniger oder kleinere Düsen
Schnellverschlußventile undicht	Ventilkegel- oder Sitz schadhaft bzw. verschlissen. Ebenfalls Spindelabdichtung	Ventilkegel-Sitz, Spindelabdichtung erneuern

3.4.6 Düsen und Rückschlagventile mit Filter

Ist das Spritzgestänge mit Flachstrahldüsen ausgerüstet, muß man das Einschrauben der Düsen so vornehmen, daß der Winkel der Düsenschlitze zur Gestängeachse stimmt. Dazu wird eine mitgelieferte Einstellehre verwendet (Abb. Seite 68). Die Verschraubungen der Spritzleitung sollte man jährlich mit neuen Dichtungen versehen. Abgenutzte Düsen haben einen ungleichen Ausstoß zur Folge und müssen gegen neue ersetzt werden. Die Düsen, bei denen der Ausstoß um mehr als $\pm 5\%$ vom Sollwert aller Düsen abweicht, sind auszutauschen. Die Rückschlagventile mit Filter müssen ebenfalls vor jedem Einsatz kontrolliert und, wenn es nötig ist, auch gereinigt oder ausgewechselt werden (Abb. s. S. 68). Kontrolle der Ausbringmenge s. Seite 70.

3.4.7 Störungen

Vor jeder Störungssuche und eventuellen Reparaturen ist die Pumpe außer Betrieb zu setzen, damit die Spritze drucklos ist. Hiermit werden Verletzungen durch plötzlich ausspritzende Brühe vermieden.

3.4.8 Auslitern der Pflanzenschutzspritze

Bevor die Spritzbrühe nach Vorschrift im Faß angemischt wird, prüft man das gesamte Spritzgestänge und die einzelnen Düsen auf ihren Ausstoß. Der Spritzmittelbehälter ist dazu mit ca. 100 Liter Leitungswasser zu füllen.
Nun bringt man den Schlepper auf die vorgeschriebene Zapfwellendrehzahl von 540 U/min. Durch Öffnen des Dreiweghahnes läßt sich feststellen, ob alle Düsen, optisch gesehen, gleichmäßig arbeiten. Nach diesem Test wird der Dreiwegehahn wieder geschlossen. Mit Hilfe der Spritztabelle ist nun am Druckregelventil bei 540 U/min der Zapfwelle der vorgeschriebene Spritzdruck einzustellen. Dabei ist vor allem die Fahrgeschwindigkeit und die Ausstoßmenge pro Hektar zu berücksichtigen. In den Tabellen, die auf den Spritzmittelbehältern aufgeklebt sind, werden die Ausstoßwerte grundsätzlich in Liter pro Düse und Minute angegeben.

Deshalb soll beim Prüfen der einzelnen Düsen die Zeit von einer Minute genau eingehalten werden.

Weicht die ausgestoßene Menge, die unter mehreren Düsen in Meßbechern aufgefangen wird, von den angegebenen Werten sehr stark ab, muß der Druck verändert werden. Dabei sind Abweichungen von ±5% pro Düse zulässig. Hat man keine Tabelle zur Hand, kann das Auslitern durch eine einfache Formel errechnet und durchgeführt werden.

Beispiel:
Fahrgeschwindigkeit – 6 km/h
Ausbringmenge – 400 l/ha
Spritzbreite – 10 m (20 Düsen)
Wieviel Liter pro Düse in der Minute?
Rechnung:
Fahrgeschwindigkeit × Spritzbreite
6000 m × 10 m
= bespritzte Fläche/Std.
= 60000 m² (6 ha/h)
1 ha = 400 l
6 ha = 6 × 400 l = 2400 l/h
1 Std. = 2400 l
1 min. = 2400 l : 60 min = 40 l/min
20 Düsen = 40 l/min
 1 Düse = 40 l : 20 = 2 l/Düse/min

In diesem Falle müssen 2 Liter pro Düse in einer Minute ausgestoßen werden.
Fachwerkstätten (wie z. B. die Baywa) bieten eine genaue Überprüfung des Flüssigkeitsausstoßes durch das Dositestgerät und, wenn notwendig, eine fachmännische Reparatur an. Jährlich einmal sollte man das Manometer in einer Fachwerkstätte überprüfen lassen (Notwendige Einrichtungen – geeichtes Manometertestgerät).

Entscheidend für die gleichmäßige Ausbringung ist das Einhalten der vorgeschriebenen Fahrgeschwindigkeit, die am Traktormeter abgelesen wird. Hat der Schlepper keinen Traktormeter, muß die vorgeschriebene Fahrgeschwindigkeit ermittelt werden. Dazu wird die Strecke von 100 m in einem bestimmten Gang gefahren, der für das Spritzen geeignet ist (ca. 4–7 km/h). Es ist weiter darauf zu achten, daß die Motorendrehzahl für die Zapfwellendrehzahl auf 540 U/min eingestellt bleibt. Diese Fahrzeit auf 100 m wird gestoppt.

Aus der nachfolgenden Tabelle sind die Fahrgeschwindigkeiten in km/h ersichtlich.
Beispiel:

100 m – 120 sec = 3 km/h
100 m – 90 sec = 4 km/h
100 m – 72 sec = 5 km/h
100 m – 60 sec = 6 km/h
100 m – 51,5 sec = 7 km/h
100 m – 45 sec = 8 km/h
100 m – 40 sec = 9 km/h
100 m – 36 sec = 10 km/h

Spritzmittelaufwand
Auf den Packungen und Behältern der Spritzmittel ist eine Beschreibung angebracht, welche die genaue Anwendung des Mittels und die dazu benötigte Wassermenge pro Hektar angibt. Je nach Ausstoßmenge (Wasser) pro Hektar und Fassungsvermögen des Spritzmittelbehälters muß die Spritzbrühe im richtigen Mischungsverhältnis angerührt werden.

Beispiel:
Auf ein Hektar sollen 4 l oder 4 kg Spritzmittel bei einem Wasseraufwand von 400 l ausgespritzt werden. Das Fassungsvermögen des Brühebehälters beträgt 600 l.

Hierzu wird folgende Formel angewandt:

$$\frac{\text{vorgeschriebene Spritzmittelmenge/ha} \times \text{Faßinhalt}}{\text{Ausstoßmenge/ha}}$$

$$\frac{4\,l \times 600\,l}{400\,l} = 6\,l \text{ Mittel sind für eine Faßfüllung notwendig}$$

Abb. 104. Düsenprüfstand mit Meßbecher.

3.4.9 Reparatur von Spritzmittelbehältern

Pflanzenschutzspritzen werden überwiegend mit Kunststoffbehältern (z. B. Polyester oder Polyäthylen) ausgestattet, da diese verhältnismäßig wartungsfrei und korrosionsunempfindlich sind. Beschädigte Behälter aus glasfaserverstärktem Polyesterharz können selbst repariert werden.

Zur Instandsetzung wird vom Hersteller ein Reparatursatz angeboten, der aus Glasfasermatte und Polyesterharz mit Härter besteht. Bei notwendigen Reparaturen ist die beschädigte Stelle von Spritzmittelrückständen und anderen Verunreinigungen zunächst gründlich zu reinigen. Anschließend wird die undichte bzw. beschädigte Stelle mit einer Raspel oder mit einem Winkelschleifer bearbeitet und leicht aufgeraut. Je nach Größe der Reparaturstelle sind nun einige Stücke von der Glasfasermatte zurecht zu schneiden. Dabei ist darauf zu achten, daß die Reparaturflicken etwa doppelt so groß sind wie die beschädigte Stelle. Nun wird nach Anleitung das Polyesterharz mit dem Härter angemischt und mit einem Pinsel gleichmäßig auf die Reparaturstelle aufgetragen. Anschließend legt man die zugeschnittenen Glasfasermatten einzeln auf und tupft sie mit einem Pinsel blasenfrei fest. Diese Arbeit sollte in einem temperierten Raum gemacht werden, da dadurch der Trocknungsvorgang begünstigt wird (vor Weiterbearbeitung Reparaturstelle ganz austrocknen lassen!). Besteht der Spritzmittelbehälter aus Polyäthylen, benötigt man bei notwendigen Reparaturen ein Heizgerät, ähnlich wie bei der Folienschweißung. Als Schweißzusatzwerkstoff ist das selbe Material zu verwenden, aus dem das Faß hergestellt ist. Das Reparaturmaterial und die Anleitung müssen von der Herstellerfirma angefordert werden.

3.4.10 Einwintern der Feldspritze

a) Die komplette Spritze und die Pumpe sind gründlich von sämtlichen Flüssigkeits- und Spritzmittelresten zu reinigen.

b) Dazu müssen die Wasserablaßschrauben ausgeschraubt und die Pumpe von Hand solange durchgedreht werden, bis kein Wasser mehr ausläuft.

c) Zur Vermeidung von Korrosionsschäden ist das Öl im Pumpengehäuse zu wechseln.

d) Die Membranen bei Membranpumpen sind alle 400 Betriebsstunden, spätestens nach 2 Jahren gegen neue auszutauschen.

e) Die Filtereinrichtung ist auszubauen und trocken aufzubewahren.

f) Es ist darauf zu achten, daß die Feder des Druckminderers entspannt wird.

g) Die Düsen mit Rückschlagventilen bzw. Rücksaugeinrichtungen, Druckregler und Manometer sind abzuschrauben, zu reinigen und in einem frostsicheren Raum aufzubewahren.

h) Druckkessel und Behälter, die aus Messing bestehen, sind abzumontieren und ebenfalls frostfrei aufzubewahren.

Abb. 105. Reparatursatz für Glasfaserfässer (1 Harz, 2 Härter, 3 Glasfaser).
Abb. 106. Das Auftupfen des Polyesterharzes muß blasenfrei erfolgen.

i) Um Rostbildung an den Außenflächen der Spritze zu vermeiden, sind die blanken Teile mit Korrosionsschutzöl einzusprühen und die Spritze abzudecken.

3.5 Motorsäge

In landwirtschaftlichen Betrieben und besonders in solchen mit Forstwirtschaft oder Obstanlagen benützt man in zunehmendem Maße Motorsägen, die mit Zweitakt-Verbrennungsmotoren angetrieben werden. Als Treibstoff wird ein Benzin-Öl-Gemisch verwendet; das Mischungsverhältnis beträgt meistens 1:25 bis 1:50.

Superkraftstoffe sollten hierzu nicht verwendet werden.

Da die Motoren luftgekühlt sind und mit sehr hoher Drehzahl (5000–8000 U/min) laufen, müssen die Zylinderrippen und die Luftleitbleche immer schmutzfrei sein, um ein Überhitzen zu vermeiden. Die tägliche Reinigung ist deshalb unerläßlich. Treten Störungen beim Startversuch oder während des Betriebes auf, kann dies verschiedene Ursachen haben. Eine systematische Überprüfung der Zünd- und Kraftstoffanlage ist wie bei allen Vergasermotoren der erste Schritt.

3.5.1 Zündkerze

Das Zündkerzengesicht zeigt, ob der Wärmewert der Zündkerze stimmt, der Zündkerzenelektroden- und Unterbrecherabstand ihr vorgeschriebenes Spaltmaß haben und der Zündzeitpunkt wie der Vergaser vorschriftsmäßig eingestellt wurden.

Zündkerzengesicht bei Verwendung normaler Kraftstoffe

Kerze und Wärmewert richtig:

Der Isolatorfuß und die Elektroden sind mit einem graugelbem bis braunem, schwachem meist pulverförmigem Niederschlag bedeckt, der sich leicht abbürsten läßt. Das Gehäuseinnere weist einen grauen bis braunschwarzen Belag auf.

Kerze überhitzt:

Der Isolatorfuß ist mit einem blaßbraunem bis grauschwarzem, glasigem oder rauhem festgebakkenem Niederschlag bedeckt. Meist starke Krusten- und Perlenbildung am Isolatorfußende. Mittelelektrode und Oberfläche sehr stark aufgerauht und angefressen.
Ursache – Gemisch zu mager, die Kerze hat zu geringen Wärmewert und wird zu heiß.

Kerze verrußt:

Isolatorfuß, Elektroden und Gehäuseinneres mit meist dickem, pulverigem, grauschwarzem, samtigem Belag bedeckt.
Ursache – Gemisch zu fett, zu großer Elektrodenabstand, Kerze hat zu hohen Wärmewert und bleibt im Betrieb zu kalt.

Kerze verölt:

Isolatorfuß, Elektroden und Kerzengehäuse mit fettem, öligem Ruß bedeckt – Ölkohlebildung.
Ursache – zu viel Öl im Gemisch, eventuell Kolben mit Kolbenringen und Zylinder zu viel Spiel. Verschiedentlich ist eine Brückenbildung von Verbrennungsrückständen zwischen der Zündkerzenmittelelektrode und dem Massebügel festzustellen, die zum Aussetzen des Zündfunkens führen kann. Die Ursache ist ein zu mageres Mischungsverhältnis von Kraftstoff und Öl. Die Zündkerze wird dadurch sehr stark überhitzt. Auch ungeeignete Öle und schlecht durchgemischte Kraftstoffe führen oft zu dieser Störung.

Deshalb soll vor jedem Auftanken der Kanister mit der zubereiteten Kraftstoff-Öl-Mischung kräftig durchgeschüttelt und nur Selbstmischer-Öl verwendet werden.

Ungenügend gereinigte Ansaugluft wie falsch gewählte Zündkerzen oder zu geringer Elektrodenabstand führen ebenfalls zur Brückenbildung. Abhilfe – Luftfilterpatrone, wenn nötig, täglich mehrmals reinigen oder gegen neue austauschen. Nur Zündkerzen mit dem vorgeschriebenem Wärmewert wählen und den Elektrodenabstand von

Abb. 107. Wärmewerte der Zündkerze richtig.
Abb. 108. Zündkerze überhitzt.
Abb. 109. Zündkerze verrußt.
Abb. 110. Zündkerze verölt.
Abb. 111. Elektrodenabstand mit Fühlerlehre messen.
Abb. 112. Zündfunke der Zündkerze prüfen.

107

110

108

111

109

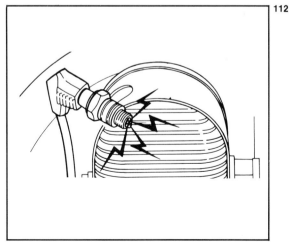

112

73

0,5–0,7 mm mit der Fühlerlehre festlegen (Abb. S. 73). Die Zündkerze wird anschließend auf ihren Zündfunken geprüft. Hierzu ist die ausgeschraubte Zündkerze mit dem angeschlossenen Zündkabel an Masse (Motorgehäuse oder Zylinder) zu halten und das Starterseil mehrmals kräftig durchzuziehen (Abb. S. 73). Springt kein sichtbarer bzw. hörbarer Zündfunke an der Elektrode über, so ist entweder die Zündkerze, das Kabel oder die Zündanlage defekt. Zur Kontrolle, ob die Zündanlage funktioniert, wird der Kerzenstecker abgenommen und das Zündkabelende in ca. 5 mm Abstand zum Motorgehäuse gehalten. Springt jetzt ein kräftiger Funke über, kann daraus geschlossen werden, daß Kerzenstecker oder Zündkerze defekt sind.

3.5.2 Mechanische Unterbrecherzündung

Unterbrecherkontakt prüfen und einstellen

Ist der Zündfunke sehr schwach, liegt es meist am Abstand des Unterbrecherkontaktes, er muß zwischen 0,35–0,45 mm betragen. Da sich der Unterbrecherabstand durch Abnutzung des Schleifnockens verringert, muß eine Einstellung vorgenommen werden. Dabei ist das Lüfterrad so weit zu drehen, bis der Nocken den Unterbrecher ganz öffnet. Die Korrektur kann nach dem Lösen der Befestigungsschrauben erfolgen (Abb. s. S. 75). Nach dem Anziehen der Schrauben ist der Abstand der Kontakte auf jeden Fall nochmals zu prüfen. Bei dieser Gelegenheit Schmierfilze des Unterbrechernockens leicht einfetten. Bei Zündstörungen, die auf verschmutzte Unterbrecherkontakte zurückzuführen sind, kann ein Abziehen der Kontakte mit einer Kontaktfeile vorübergehend von Erfolg sein. Es ist aber ratsam, angeschmorte Kontakte nicht mehr nachzuarbeiten, sondern auszuwechseln. Hierzu muß das Lüfterrad abmontiert werden. Diese Reparatur kann man nur mit den dazu notwendigen Spezialwerkzeugen (Kolbenanschlagbolzen und Abziehvorrichtung) fachgerecht durchführen (Abb. s. S. 75).

Beim Aufstecken des Lüfterrades, Scheibenfeder (Keil) gut in die Federnut drücken, damit sie nicht herausgeschoben wird.

Liegt die Störung an der Zündspule oder dem Kondensator, ist es besser, nicht selbst daran herumzubasteln; in diesem Fall sollte die Motorsäge in eine Fachwerkstätte gebracht werden.

3.5.3 Elektronische Unterbrecherzündung

Verschiedentlich werden heute auch Motorsägen mit elektronischen Zündanlagen ausgerüstet, die ohne mechanischem Unterbrecher arbeiten; somit entfällt das Einstellen bzw. Erneuern der Unterbrecherkontakte. Weiter ist die elektronische Zündanlage unempfindlich gegen Schmutz und Feuchtigkeit, was vor allem im Forstbetrieb Vorteile bringt. Treten dennoch Störungen an der Zündan-

Abb. 113. Prüfen der Unterbrecherkontakte.
Abb. 114. Abstand beträgt 0,35–0,45 mm.

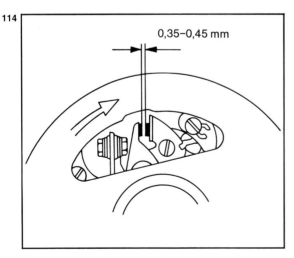

Abb. 115. Klemmschraube fest anziehen.
Abb. 116. Abziehen des Lüfterrades.
Abb. 117. Abziehvorrichtung mit Distanzhülse.
Abb. 118. Kolbenanschlagbolzen für Normalgewinde.

lage auf, ist eine Fachwerkstätte aufzusuchen, da defekte Zündelemente nicht repariert werden können. Die Einstellung der neu montierten Teile muß vom Fachmann durchgeführt werden, da dies mit Spezialmeßgeräten erfolgt.

3.5.4 Kraftstoffanlage mit Vergaser und Luftfilter

Schlechte bzw. ungenügende Leistung ist oft auf mangelnde Kraftstoffzuführung zurückzuführen. Der meist im Tank sitzende Kraftstoffilter ist auf Durchlauf zu prüfen. Qualmt der Motor sehr stark, ist das Kraftstoff-Luft-Gemisch falsch zusammengesetzt. In diesem Fall ist die Luftregulierschraube neu einzustellen, was bei betriebswarmem Motor geschehen soll (Abb. S. 76).
Den Motor sollte man anschließend in allen Lagen im Leerlauf prüfen. Verringert sich die Leerlaufdrehzahl beim Schwenken der Säge von der Normal- in die Senkrechtlage merklich oder stirbt der Motor ab, dann ist meist eine zu weit geöffnete Leerlaufschraube die Ursache. Leerlauf einstellen! Muß der Vergaser gereinigt werden, ist er dazu auszubauen. Beim Zerlegen ist peinlichste Sauberkeit geboten. Vergaserteile nie mit einem Lappen, sondern nur mit Preßluft reinigen. Dabei sind die Membranen auszubauen, damit sie nicht beschädigt werden. Nach dem Zusammenbau den Vergaser auf Dichtheit prüfen.

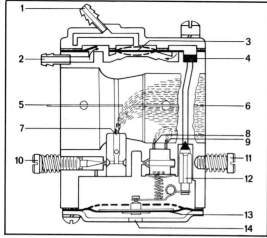

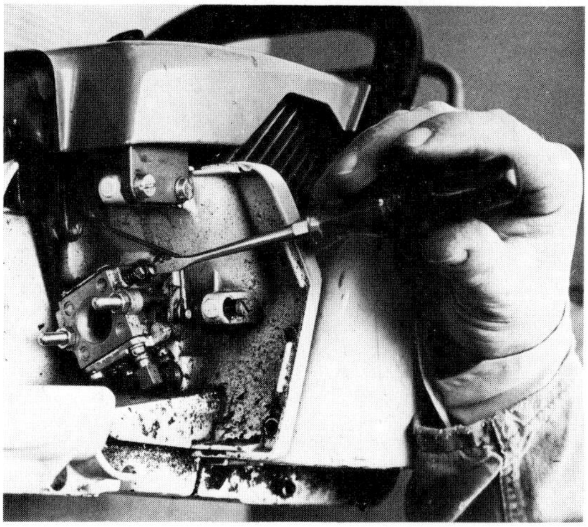

Abb. 119. Membranvergaser im Schnitt: 1 Impulskanal, 2 Einlaßventil, 3 Pumpenmembrane, 4 Kraftstoffsieb, 5 Startklappe, 6 Drosselklappe, 7 Hauptdüse, 8/9 Leerlaufdüse, 10 Hauptstellschraube, 11 Leerlaufstellschraube, 12 Einlaßnadel, 13 Regelmembrane, 14 Bohrung im Deckel.
Abb. 120. Einstellung von Kraftstoff-Luftgemisch.

Reinigen des Luftfilters

Wie schon erwähnt, beeinflußt der Luftfilter die Leistung der Motorsäge sehr wesentlich. Leider wird dem Luftfilter während des Betriebes nur wenig Beachtung geschenkt. Die tägliche Reinigung ist von besonderer Wichtigkeit. Beim Wiedereinsetzen der gereinigten oder neuen Filzplatteneinsätze muß der Abdichtgummiring am Filterdeckel genau aufliegen, damit keine ungefilterte Luft angesaugt wird.

3.5.5 Ölpumpe

Zur laufenden Schmierung der Sägekette ist entweder ein Pumpknopf vorhanden, der von Hand in bestimmten Zeitabständen betätigt werden muß, oder eine Zahnradpumpe eingebaut, die laufend schmiert.

Vor jedem Einsatz ist der Ölstand zu kontrollieren und die Schmierung auf ihre Funktionsfähigkeit zu prüfen.

Hierbei soll man die Motorsäge mit erhöhter Drehzahl laufen lassen und das Schwert nach unten halten. Dabei muß nach wenigen Sekunden am Boden ein Ölstrich sichtbar werden. Ist das nicht der Fall, ist der Ölstand im Ölbehälter bzw. die Ölzufuhr zu untersuchen.

3.5.6 Fliehkraftkupplung mit Kettenrad

Die Fliehkraftkupplung mit Kettenrad dient zum Antrieb der Sägekette. Sind die Fliehgewichte mit Zugfedern oder die Kupplungsbeläge beschädigt, dürfen diese bei Reparaturen nur im Satz ausgewechselt werden. Diese Störung zeigt sich durch leichtes Mitlaufen der Sägekette bei Standgas. Sind die Beläge der Kupplung verölt, was sich durch Schlupf der Sägekette bemerkbar macht, müssen diese ebenfalls ausgebaut, gegebenenfalls gereinigt bzw. ausgetauscht werden. Zu dieser Reparatur wird das mitgelieferte Spezialwerkzeug verwendet. Nachdem die Schutzverkleidung, die Kette mit Schwert und die Zündkerze ausgebaut sind, wird die Anschlagschraube in die Zündkerzenbohrung eingeschraubt. Nun ist die Fliehkraftkupplung mit dem Spezialschlüssel so lange im Uhrzeigersinn zu drehen, bis der Kolben an der eingedrehten Anschlagschraube ansteht.

Da die Befestigungsmutter und der Mitnehmer der Fliehkraftkupplung ein Linksgewinde besitzen, ist das Lösen von beiden nur im Uhrzeigersinn möglich.

Ist die Befestigungsmutter abgeschraubt, kann der Kupplungsmitnehmer mit dem Spezialschlüssel ebenfalls im Uhrzeigersinn von der Kurbelwelle abgeschraubt werden. Die Montage der gereinigten bzw. neuen Fliehkraftkupplung erfolgt in umgekehrter Reihenfolge. Das Nadellager ist zu reinigen und mit Mehrzweckfett zu versehen. Ist das Nadellager beschädigt, muß es ausgewechselt werden. Der Kupplungsmitnehmer und die Befestigungsmutter sind mit etwa 30–40 N (3–4 mkp) entgegen dem Uhrzeigersinn festzuziehen.

3.5.7 Auswechseln des Starterseils

Gerissene Starterseile sollten nie in gekürzter Länge wieder eingebaut, sondern gegen neue ersetzt werden (Abb. S. 78). Beim Starten ist eine bestimmte Durchzugslänge notwendig, um Beschädigungen an der Rückhol- und Aufzugsfeder zu vermeiden. Vor dem Einbau des Starterseiles (Nylonseil) sind die Enden mit einer kleinen Flamme zu verschmelzen, um ein leichteres Einfädeln zu ermöglichen und ein Ausfasern zu verhindern. Vor dem Aufstecken der aufgerollten Starterrolle Starterachse und Rückholfeder leicht einölen.

3.5.8 Auswechseln der Rückholfeder

Bei dieser Reparatur ist das komplette Starterge-

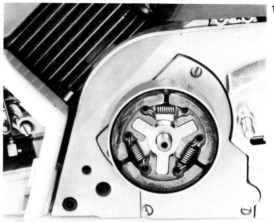

Abb. 121. Lösen der Kupplungsmutter nach rechts.
Abb. 122. Kupplungsglocke mit Fliehkraftkupplung.
Abb. 123. Spezialschlüssel zum Lösen der Kupplung.
Abb. 124. Reihenfolge beim Aus- und Einbau.

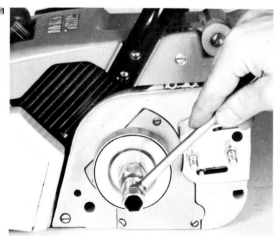

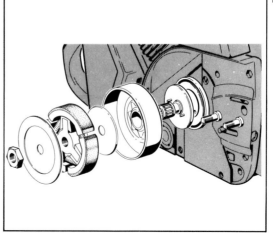

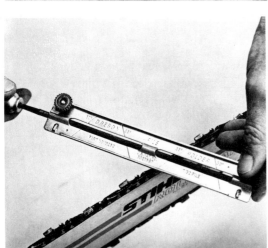

Abb. 125. Beim Aufspulen auf Drehrichtung achten.
Abb. 126. Feder von außen rechtsdrehend einlegen.
Abb. 127. Zylindrische Feile mit Feilenhaltern.
Abb. 128. Schärfwinkel von 30°.

häuse abzunehmen. Anschließend wird die Seilrolle von der Starterachse abgezogen. Nun ist die Kassette mit der eingelegten Feder anzuheben. Die alte überzogene oder gebrochene Feder entfernt man vorsichtig aus der Kassette, da sie meist noch unter Spannung steht. Die neue Feder wird im Uhrzeigersinn eingelegt. Ist die Feder nicht vorgespannt, muß sie mit dem äußeren Federende beginnend, in die Kassette eingespult werden. Bevor das Startergehäuse wieder an den Motor montiert wird, sind Starterachse, Rückzugfeder und Starterklinken mit Gleitscheiben ebenfalls leicht einzuölen.

3.5.9 Schärfen von Ketten

Bei starkem Einsatz müssen Sägeketten täglich mehrmals geschärft werden. Damit eine befriedigende Kettenschärfe erreicht wird, sind beim Schärfen der Schneidezähne verschiedene Winkelangaben zu beachten.

Schärfwinkel — Bei Hobelzahnketten soll der Schärfwinkel für Weichhölzer 35° betragen. Für Harthölzer oder bei Arbeiten im Winter (gefrorenes Holz) ist der Schärfwinkel von 30° zu wählen.

Der Schärfwinkel ist bei allen Schneidezähnen unbedingt gleich zu halten.

Brustwinkel — Der Brustwinkel beträgt bei allen Hobelzahnketten 80–90°. Dieser Winkel ergibt sich von selbst, wenn der vorgeschriebene Feilendurchmesser verwendet wird und die Feile mit etwa 1/10 ihres Durchmessers über das Zahndach vorsteht.

Wird die Feile im Durchmesser zu groß gewählt oder beim Schärfen zu hoch geführt, erhält man einen größeren Brustwinkel und die Schneide hängt nach hinten. Die Schneide der Kette ist dann stumpf.

Ist der Feilendurchmesser zu klein oder wird die Feile zu tief gehalten, entsteht eine hakenförmige Schneide. Die Zähne rupfen und werden sehr schnell stumpf. Zum Schärfen dürfen nur Spezialkettenfeilen, die über die ganze Länge zylindrisch sind, in keinem Fall normale Rundfeilen verwendet werden.

Einige Spezialsägeketten haben einen Brustwinkel von 85°. In diesem Fall weist der Sägekettenhersteller besonders auf die vorgeschriebene Schärftechnik und die notwendigen Feilwerkzeuge hin.

Feilendurchmesser für Hobelzahnketten

Kettenteilung in Zoll	Rundfeilendurchmesser mm	ab halber Zahnlänge mm
1/4″	4,0	—
.325″	4,8	4,0
3/8″	5,6	4,8
.404″	5,6	4,8
7/16″	5,6	4,8

Alle Schneidezähne müssen gleich lang und hoch sein.

Verschieden hohe Schneidezähne bedeuten rauen Lauf, was Kettenrisse verusachen kann. Beim Feilen der Kette wird nur im Vorwärtsstrich unter leichtem Druck gearbeitet; dabei die Schneide nur von innen nach außen feilen. Die vor den Schneidezähnen angeordneten Tiefenbegrenzer bestimmen die Eindringtiefe in das Holz.

Deshalb alle Tiefenbegrenzer ebenfalls auf gleicher Höhe halten.

Diese Kontrolle wird mit einer Feillehre durchgeführt. Wenn ein Tiefenbegrenzer über die Lehre hinaussteht, muß er mit einer Flach- oder Dreikantfeile bis zur oberen Ebene der Lehre zurückgefeilt werden. Die vorderen Rundungen sind nun wieder nachzuarbeiten. Dabei richtet man sich nach einem Tiefenbegrenzer einer neuen Kette.

Tiefenbegrenzermaße bei den üblichen Kettentypen

Teilung	mm	Zoll
1/4″	0,65	.025″
.325″	0,65	.025″
3/8″	0,65	.025″
.404″	0,80	.030″
7/16″	0,80	.030″

Abb. 129. Brustwinkel von 90°.
Abb. 130. Tiefenbegrenzerkontrolle mit Feillehre.

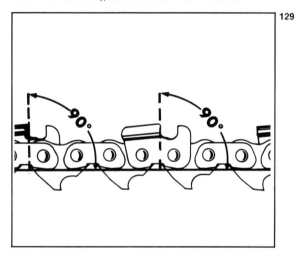

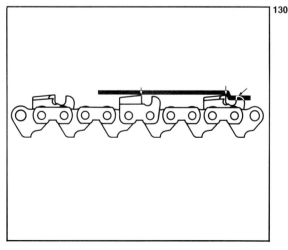

Die Feillehre ist ein Universalwerkzeug zur Kontrolle von Schärf- und Brustwinkel sowie der Tiefenbegrenzerhöhe und der Zahnlänge. Außerdem können damit die Nut und die Öleintrittsbohrung der Führungsschiene gereinigt werden.

Nachdem die Kette geschärft ist, wird sie mit Benzin oder Dieselkraftstoff gründlich gereinigt und in Kettenöl getränkt.

Muß eine gerissene Kette repariert werden, so sind die einzusetzenden neuen Glieder mit den Schneidzähnen so nachzuarbeiten, daß sie in der Höhe mit den alten gleich sind. Es ist darauf zu achten, daß sich die neu eingenieteten Kettenglieder in den Gelenken und Führungsbolzen noch leicht bewegen lassen.

3.5.10 Ketten mit Sicherheitsgliedern

Für spezielle Arbeiten, wie z.B. beim Entasten von Baumstämmen oder Fällen von Stangenholz, ist es aus Gründen der Unfallverhütung ratsam, Sägeketten mit Sicherheitsgliedern zu wählen. Bei diesen Ketten ist vor jedem Tiefenbegrenzer ein höckerähnliches Zwischenglied. Verschiedentlich ist das Treibglied so geformt, daß es zusätzlich die Funktion des Sicherheitsgliedes übernimmt. Das Sicherheitsglied verhindert beim Entasten und Einstechen das Einhaken des Tiefenbegrenzers und bietet somit eine höhere Sicherheit gegen Unfälle.

Abb. 131. Ermitteltes Tiefenbegrenzermaß.
Abb. 132. Die Feillehre mit technischen Angaben.
Abb. 133. Sägekette mit Sicherheitsgliedern „A".

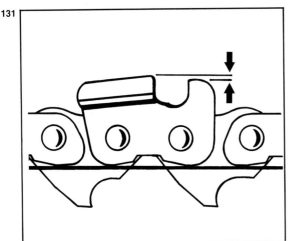

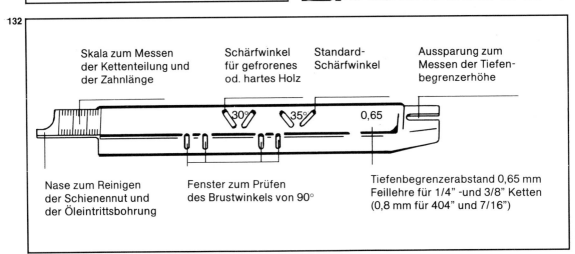

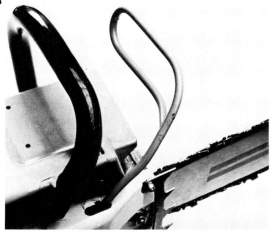

Abb. 134. Kettenbremse (Stihl 031).
Abb. 135. Kettenbremse (Housquerna).

3.5.11 Kettenbremse

Einige Motorsägenhersteller bieten als Sonderausrüstung eine Kettenbremse an, die zur Unfallverhütung wesentlich beiträgt. Diese Sicherheitseinrichtung wird beim ruckartigen Entweichen oder Ausbrechen der Motorsäge durch einen Hebel mit dem Handrücken automatisch ausgelöst und bremst bzw. blockiert in etwa 0,4–0,6 Sek. die Kupplungsglocke mit Antriebsritzel.

4 Wartung von Erntemaschinen und Transportfahrzeugen

4.1 Mähwerke

4.1.1 Überholen von Fingerbalken

Zum Überprüfen und Richten muß der Messerbalken abgebaut werden. Man spannt ihn nun in einen Schraubstock. Durch das Durchvisieren über den Balkenrücken wird kontrolliert, ob die Balkenschiene verbogen ist. Bei leichten Krümmungen legt man den Balken auf zwei Holzklötze und drückt ihn in der Mitte durch. Ist die Balkenschiene hochkant verbogen, wird das mit einer Presse behoben (Werkstattarbeit). Hierbei müssen sämtliche Finger abmontiert werden.

Die abgeschraubten Finger sind der Reihe nach auf ein Brett zu legen, damit sie wieder an die selbe Stelle der Balkenschiene kommen.

Die gerichtete Schiene überarbeitet man leicht mit einer Feile oder dem Winkelschleifer, damit die Finger wieder eine gleichmäßige Auflage bekommen, denn an einer unebenen Schiene werden die Finger wieder locker. Unscharfe Fingerplatten schärft man mit einem Handschleifer oder an der Schleifscheibe. Bei der Benutzung des Winkel-

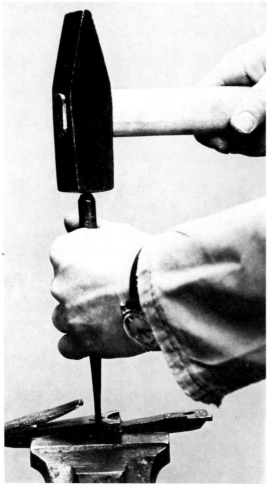

schleifers (Flex) ist besondere Vorsicht geboten. Der Schärfwinkel soll etwa 60–75 betragen. Der Druck beim Schleifen darf nicht zu stark sein, da sonst die Fingerplatten ausgeglüht werden und ihre Härte verlieren. Sind die Fingerplatten schon so weit abgenutzt, daß sie mit dem Finger bündig sind, müssen die Platten ausgewechselt werden. Man legt den zu reparierenden Finger auf einen gering geöffneten Schraubstock und schlägt den Niet mit einem gut passenden Durchschlag von innen nach außen durch. Diese Arbeit wird durch vorheriges Anbohren des Niets erleichtert. Damit der Bohrer nicht verläuft, ist das Ankörnen der Nietenmitte sehr wichtig. Nachdem das Fingerplättchen abgenommen ist, wird die Auflagefläche des Fingers gründlich gesäubert und mit einer Schlichtfeile leicht überarbeitet. Beim Aufnieten der neuen Fingerplatte nur Nieten der passenden Dicke und Länge verwenden. Bevor der Niet mit dem Hammer angestaucht wird, muß dieser mit einem Nietenzieher voll in die Senkung der Fingerplatte gezogen werden. Das angestauchte noch überstehende Nietenteil ist bis zum Finger abzuschleifen. Sind die Finger mit Gegenschneide (Fingerplatte) aus einem Stück geschmiedet, müssen die abgenützten Finger gegen neue ausgetauscht werden. Nun werden die Finger wieder auf die Balkenschiene geschraubt. Hierbei ist darauf zu achten, daß sie seitlich kein Spiel haben. Wird Spiel zwischen den einzelnen Fingern oder Finger-

Abb. 136. Niet von innen nach außen durchschlagen.
Abb. 137. Spiel durch Aufschweißen beheben.
Abb. 138. Ausschnuren und Prüfen der Finger.

paaren festgestellt, schweißt man die Fingerstege seitlich auf und paßt die Finger einzeln ein. Mit einer über den Innen- zum Außenschuh gespannten dünnen Schnur wird die Richtung der Finger kontrolliert. Bei verbogenen Fingern wird der Schnitt unsauber, da die Messerklingen nicht mehr satt und voll auf der Gegenschneide der Fingerplatten aufliegen. Verbogene Finger werden entweder mit zwei Hämmern oder mit einem auf die Fingerspitze gesteckten Rohr in die richtige Stellung gebracht. Stumpfe Fingerspitzen schärft man mit einer Feile. Dabei wird der Fingerbalken in den Schraubstock gespannt.

4.1.2 Prüfen und Reparieren von Messern

Sind Klingen lose, werden diese nachgenietet. Dabei setzt man neue Nieten ein. Beschädigte und schon zu weit zurückgeschliffene Klingen werden gegen neue ausgetauscht. Beim Abnieten wird der Messerstab so in den Schraubstock gespannt, daß die Klingenspitzen vom Körper abgewandt sind. Nun schlägt man mit Hammer und Meißel die Nietenköpfe ab. Werden die Klingen durch Schläge auf den Messerrücken abgeschert, kann das zum Verbiegen und Stauchen des Messerstabes führen. Vor dem Aufnieten der neuen Klingen ist der Messerstab immer gründlich zu reinigen und mit einer Schlichtfeile zu ebnen, damit die Klingen eben aufliegen können.

Abb. 139. Ausrichten der Finger mit Hämmern.
Abb. 140. Ausrichten der Finger mit Rohr.
Abb. 141. Abmeiseln von beschädigten Klingen.
Abb. 142. Messerstab mit Schlichtfeile ebnen.

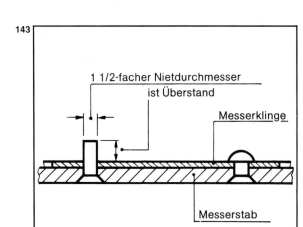

Nur Klingen von der gleichen Art auf einem Messerstab aufnieten. Nie gezahnte und glatte Klingen mischen.

Zum Aufnieten dürfen nur gut passende Nieten in der richtigen Länge verwendet werden. Damit der Nietenkopf voll wird, muß der Schaft etwa um das $1^1/_2$-fache des Nietendurchmessers aus der Klinge vorstehen (z. B. 5 mm ⌀ = 7,5 mm Überstand). Damit beim Nieten die Klinge nicht verrutscht, werden beide Nieten gleichzeitig eingesetzt. Beim Einsetzen der Nieten ist darauf zu achten, daß die Nietenköpfe nicht kleiner sind als die Versenkungen des Stabes und gut sitzen. Das anschließende Ziehen der Nieten mit dem Nietenzieher ist besonders wichtig. Damit die Klinge auf dem Stab waagerecht aufliegt, ist sie beim Anstauchen mit einer Hand zu halten. Mit dem passenden Nietköpfer wird der angestauchte Nietenkopf nochmals nachgestaucht. Müssen Reinigungsplatten erneuert werden, ist darauf zu achten, daß diese wieder an dieselbe Stelle kommen. Sind die unbrauchbaren Klingen ausgewechselt, wird das Messer mit dem Messerkopf nach unten auf den Boden gestoßen. Dadurch hört man, ob Klingen lose sind. Nicht festsitzende Klingen müssen abgemeiselt und neu aufgenietet werden. Durch das Aufnieten wird der Messerstab meist leicht verbogen. Er ist deshalb anschließend wieder auszurich-

Abb. 143. Nietenlänge beachten.
Abb. 144. Anziehen der Niete mit dem Nietenzieher.
Abb. 145. Die Klinge muß satt aufliegen.

ten. Dazu legt man den Messerstab über die Werkbankkante oder richtet im Schraubstock aus. Verdrehte Stäbe richtet man mit einem verstellbaren Schraubenschlüssel. Stehen Klingen außer der Richtung, werden diese mit dem Hammer auf dem Amboß oder einer schweren Eisenschiene ausgerichtet.

Bei dieser Arbeit ist besondere Vorsicht geboten, da die Klingen durch ihre Härte leicht springen.

4.1.3 Schleifen des Messers

Müssen Klingen nachgeschliffen werden, ist auch der ursprüngliche Schliffwinkel zu berücksichtigen. Er soll etwa 20–25° betragen, das ist eine Schliffbreite von ungefähr 6 mm. Beim Schärfen mit dem Handschleifer muß man besonders auf gleichmäßige Führung achten. Am besten eignet sich ein stationärer Schleifapparat, bei dem der Schliffwinkel eingestellt werden kann. Bei Schleifvorrichtungen mit einer Wasserkühlung ist die Gefahr des Ausglühens der Klingen geringer.

4.1.4 Einpassen des Messers in den Balken

Sind Finger und Messer instandgesetzt und ausgerichtet, wird das Messer in den Balken eingepaßt.

Abb. 146. Ausrichten des Messers im Schraubstock.
Abb. 147. Stationärer Messerschleifapparat mit Schärfwinkeleinstellung.

Nachdem die Gleitflächen geschmiert sind, wird das Messer in den Mähbalken eingeschoben und auf die Gängigkeit geprüft. Die Klingen müssen dabei gleichmäßig auf den Fingerplatten aufliegen. Wird Spiel festgestellt, können die Messerführungen bzw. die Druck- oder Reinigungsplatten zu stark abgenutzt sein; oft genügt ein geringes Nachstellen. Zum Ausgleichen und genauen Einpassen verwendet man Distanzbleche. Das gleiche gilt auch für die Messerhalter. Beim Ein- bzw. Nachstellen der Führungen beginnt man am Innenschuh und geht systematisch nach außen.

Nachdem der Balken überholt ist, müssen sämtliche vorhandenen Messer neu eingepaßt werden.

Sind die Messerführungen, die Druck- und Räumplatten schon so weit verschlissen, daß keine Einstellung mehr möglich ist, müssen alle gleichzeitig ausgewechselt werden.

Nach jeder Neueinstellung ist nochmals zu prüfen, ob sich die Messer von Hand hin- und herbewegen lassen.

4.1.5 Einstellen der Voreilung

Nachdem der komplette Messerbalken wieder an den Schlepper angebaut ist, wird die Voreilung genau ausgemessen. Als richtig erweist sich pro Fuß Balkenlänge ein Zentimeter. Das sind bei einem fünf Fuß Balken 5 cm Voreilung (ein Fuß = 304,8 mm). Zum Ausmessen der Voreilung legt man ein gerades Vierkantholz oder Meßlatte so an die Innenseite der beiden Hinterräder, daß ein rechter Winkel zum Schlepper entsteht. Das Holz verläuft dabei fast parallel mit der Balkenschiene. Nun wird der Abstand von der ersten Klinge des Messerstabes am Innenschuh und der Abstand der letzten Klinge vor dem Außenschuh zum Holz gemessen. Dabei muß das Außenmaß um einen Zentimeter pro Fuß größer sein. Stimmt dieses Maß nicht, ist eine Korrektur an der Messerbalkenaufhängung vorzunehmen. Meist sind dazu in der Balkenaufhängung Langlöcher eingestanzt oder der Aufhängearm ist in der Länge verstellbar. Sind die Bolzen und Bohrungen am Innenschuh ausgeschlagen, müssen die Bohrungen mit einer Reibahle ausgerieben und Bolzen mit Übergröße eingesetzt werden.

Zu dieser Arbeit sind keine Bohrer zu verwenden, da die ausgeschlagenen Bohrungen meist unrund bleiben.

4.1.6 Fertigen einer Kurbelstange

Muß eine gebrochene Kurbelstange ausgewechselt werden, dann bereitet dies Schwierigkeiten, wenn man kein Originalersatzteil zur Hand hat oder die Länge der alten Stange durch Bruch nicht mehr genau feststellbar ist. Stimmt die Länge nicht, dann entsteht ein falscher Hubwechsel, was unweigerlich zu Störungen führt. Eine zu lange Kurbelstange bedeutet Bruchgefahr. Zum Ausmessen und Bestimmen der Kurbelstangenlänge muß der Exzenter des Mähantriebes am Schlepper so gedreht werden, daß er auf Außenhub steht. Das Mähmesser wird von Hand oder mit einem dafür gefertigten Haken auf Innenhub gebracht, das heißt zum Schlepper hin. Hierbei ist je nach Balkenart die Stellung der Finger und Klingen zu beachten. Beim Hochschnittbalken muß in dieser Stellung die dritte Klinge auf dem zweiten Finger liegen, beim Mittelschnittbalken dritte Klinge auf Drittem Finger. Beim Tiefschnittbalken liegt die dritte Klinge zwischen drittem und viertem Finger. Abweichungen ergeben sich beim Florettfingerbalken der Firma Mörtl, der einen engeren Fingerstand hat. Das Maß zwischen Exzentermitte des Mähantriebes und der Messerkopfmitte ergibt die Länge der Kurbelstange mit den Beschlägen. Will man die Kurbelstange selbst anfertigen, sollte nur astfreies Eschenholz verwendet werden.

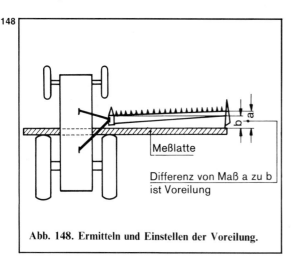

Abb. 148. Ermitteln und Einstellen der Voreilung.

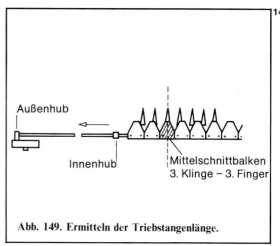

Abb. 149. Ermitteln der Triebstangenlänge.

4.1.7 Tägliche Kontrolle und Pflege

a) Vor dem Einsatz Messerkopf und Reinigungsplatten einölen. Während des Betriebes nur noch Messerkopf mehrmals schmieren.
b) Sämtliche Schmiernippel und andere Lager alle 2 Stunden abschmieren.
c) Lose Klingen sofort auswechseln.
d) Bei Mähwerken mit hydraulischem Antrieb sind die Druckleitungen und Verschraubungen täglich auf Dichtheit zu prüfen.
e) Wird der Messerbalken nicht mehr benötigt, sollte er sofort abgebaut und eingewintert werden. Hierzu sind die Punkte „Überholen eines Messerbalkens" zu beachten.

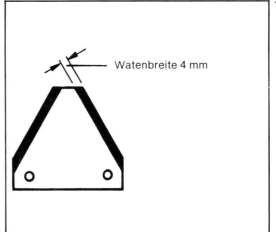

4.1.8 Doppelmessermähwerk

Beim Doppelmessermähwerk ist besonders auf einen exakten Schärfwinkel von 40° (Watenbreite = 4 mm) bei den Klingen zu achten. Diesen kann man nur mit einem Schleifapparat mit Messerstabspannvorrichtung erreichen. Die üblichen Handschleifer sind hierzu ungeeignet. Das Auswechseln von Messerklingen wird wie beim Messer für Fingerbalken durchgeführt (s. Seite 83).
Nach Reparaturen an den Triebstangen muß der Messerhubwechsel kontrolliert werden. Zur Überprüfung ist der Messerbalken abzulassen und der Mähantrieb vorsorglich auszuschalten. Der Hubwechsel stimmt dann, wenn bei Innen- und Außenhub die Mähmesserklingen gleichmäßig zur Deckung kommen. Hierbei muß die 2. Klinge des Untermessers bei Außenhub unter der 2. Klinge und bei Innenhub unter der 1. Klinge des Obermessers liegen.
Stimmt der Hubwechsel nicht, müssen die Klemmschrauben von beiden Kurbeltriebstangen messerseitig gelöst werden. Anschließend sind die beiden Messer wie beschrieben einzustellen. Haben die Mähmesser an der Antriebsseite zu viel Spiel, müssen die Schwinghebel neu eingestellt werden. Hierzu ist die Schwinghebelwelle zu lösen und der Schwinghebelexzenter solange nachzustellen, bis das vorgeschriebene Spiel von 0,1 mm zwischen der inneren Messerklinge und dem Innenschuh erreicht ist (Fendt-Doppelmessermähwerk). Bei

Abb. 150. Schärfwinkel 40° (Watenbreite 4 mm).
Abb. 151. Klemmschrauben „2" am Kurbeltrieb.
Abb. 152. Klingenspiel mit Fühllehre messen.

Abb. 153. Ausrichten von Ober- und Untermesser.
Abb. 154/155. Ausrichten durch Strecken und Kürzen.
Abb. 156. Anpreßdruck mit Federwaage prüfen.

Mähwerken anderer Hersteller Bedienungsanleitung beachten.
Fluchten das Ober- und Untermesser an der Vorderkante der Klingen nicht, müssen die Messerführungsarme nachgerichtet werden. Anschließend sind die Messerführungsarme auf ihren Anpreßdruck von 100–200 N (10–20 kp) zu prüfen. Diese Kontrolle macht man mit einer Federwaage. Die Muttern unter den oberen Messerführungsarmen dienen zum Nachstellen. Sind die Führungsstifte auf den Messerklingen schon sichtbar ausgeschlagen und abgenützt, müssen diese umgehend ausgewechselt werden.

4.1.9 Rotierende Mähwerke

Da die Mähscheiben von rotierenden Mähwerken mit einer Schnittgeschwindigkeit bis zu 90 m/sek. arbeiten, sind vor Inbetriebnahme sämtliche Klingen gewissenhaft auf ihren festen Sitz zu prüfen. Abgenützte oder beschädigte Messerklingen tauscht man am besten sofort aus. Hierbei sollten grundsätzlich alle zu einem Mähkörper gehörenden Messerklingen im Satz ausgewechselt werden, da durch unterschiedliche Messerklingengrößen eine Unwucht an den rotieren Körpern entstehen können. Wird aus einem bestimmten Grund nur eine Messerklinge ausgetauscht, muß diese durch Abschleifen auf das Gewicht und die Länge der noch brauchbaren gebracht werden. Dabei ist die Klinge an beiden Schneideseiten gleichmäßig nachzuschleifen.

Die Ablagerungen von Grüngutrückständen zwischen den Mäh- und Antriebsscheiben sollte man nach jedem Einsatz sorgfältig entfernen, da diese ebenfalls zur Unwucht führen. Eine Beschädigung der Lager mit Antriebsteilen wäre unvermeidlich. Laufen die Antriebsorgane im Ölbad, so sind diese außer dem jährlichen Ölwechsel wartungsfrei. Den Ölstand im Getriebe sollte man jedoch während des Einsatzes öfter kontrollieren. Dabei ist darauf zu achten, daß dies bei waagerechter Stellung des Mähwerkes geschieht. Wird Ölverlust festgestellt, sind die Abdichtungen von Getriebe und Antriebsorganen sofort zu prüfen und gegebenenfalls neu abzudichten. Diese Arbeit muß nach Bedienungsanleitung und Ersatzteilliste der Mähwerktype erfolgen. Beim Ölwechsel mit betriebswarmen Öl ist das Mähwerk so auszuheben, daß die Ölablaßschraube am tiefsten Punkt liegt. Als Schmiermittel werden Getriebeöle verwendet (z. B. SAE 90). Erfolgt der Antrieb der einzelenen Mähteller über Keilriemen, ist die Spannung mehrmals während der Saison zu prüfen (Spannen von Keilriemen s. Seite 129). Beim Austauschen von Keilriemen dürfen diese beim Auflegen auf die Keilriemenscheiben keinesfalls verdreht werden. Verschiedentlich sind Keilriemen gekennzeichnet. Müssen Gelenkwellen angepaßt werden, s. Kapitel Gelenkwellen Seite 109.

4.2 Heuwerbemaschinen

Die Heuwerbemaschinen mit Zapfwellenantrieb haben mitunter eine hohe Zinkengeschwindigkeit. Es sind deshalb die Befestigungsschrauben der Zinken und der Halterungen von Zeit zu Zeit auf ihren festen Sitz zu kontrollieren und gegebenenfalls nachzuziehen. Das Anzugsmoment beträgt je nach Schraubenfestigkeit und Herstellervorschrift 90–120 N (9–12 mkp). Ist die Maschine mit einem im Ölbad laufenden Getriebe versehen, gilt die übliche Wartungsvorschrift – Ölwechsel nach Bedienungsanweisung.

4.2.1 Kreiselheuer

Beim Auswechseln von Zinken nur Originalteile verwenden. Dabei ist darauf zu achten, daß die Zinkenlänge und der Winkel der Zinkenstellung stimmen. Eine meist vom Hersteller mitgelieferte Einstellehre dient nach dem Anbau zur Kontrolle. Besonders gezeichnete Zinken dürfen nur an die dafür bestimmte Stelle montiert werden (Farbmarkierung). Z. T. erfolgt die Sicherung der Schrauben an Stelle eines Sprengringes mit einem Sicherungsblech. Einmal verwendete Sicherungsbleche sollten grundsätzlich gegen neue ersetzt werden. Während des Einsatzes sind sämtliche Schmiernippel mehrmals gewissenhaft abzuschmieren. Dies gilt insbesondere für die Kreuzgelenke und die Lager der Schwenkarme.

4.2.2 Kreiselschwader

Hierbei handelt es sich um eine Maschine, die im Aufbau dem Kreiselheuer sehr ähnlich ist. Es gelten deshalb die gleichen Wartungs- und Reparaturvorschriften. Verschiedene Maschinen haben an Stelle des direkten Antriebes der Zinkenarme eine Kurvenscheibe. Diese ist besonders zu warten bzw. abzuschmieren, da sie sehr viele offen liegende Verschleißteile hat.

4.2.3 Radrechwender

Die Sternradrechwender sind im allgemeinen und bei ebenen Bodenverhältnissen sehr wenig reparaturanfällig, wenn sämtliche beweglichen Teile täglich gewissenhaft abgeschmiert werden. Bei verbogenen Sternrädern ist es ratsam, diese auszubauen und sämtliche Zinken abzuschrauben. Den Radreifen richtet man kalt am Amboßhorn oder auf einer Richtplatte, soweit diese Möglichkeit noch besteht.

Beim Einsetzen von neuen Zinken ist darauf zu achten, daß sie in der Länge mit den beschädigten gleich sind. Zum Kürzen sollte man den Winkelschleifer (Flex) oder ähnliche Schleifmaschinen verwenden. Bolzenschere oder Eisensäge würden wegen der besonderen Härte des Zinkenmaterials Schaden leiden.

4.3 Ladewagen

Vor dem Einsatz des Ladewagens muß man besonders die Gelenkwellenlänge gewissenhaft kontrollieren. Muß die Gelenkwelle gekürzt werden, s. Anweisung auf Seite 113. Zum Schutz gegen Überlastung und Bruch ist eine Überlastungskupplung eingebaut.

Diese Kupplung ist vor allem nach längerem Stillstand auf ihre Funktion zu prüfen.

Die vom Hersteller angegebenen Drehmomentswerte dürfen auf keinen Fall verändert werden. Beim Ladewagen liegen sie zwischen 250–300 N (25–30 mkp). Die Messung erfolgt mit einem Drehmomentschlüssel oder einer Federwaage. Einstellung des Anzugmoments von Gelenkwellen s. Seite 93. Beim Abschmieren der Aufnahmetrommel (Pick-up) geht man am besten nach dem Schmierplan der Betriebsanleitung vor und zählt die z. T. versteckten Schmiernippel, damit keiner übersehen wird. In sämtliche Gleitlager wird solange Fett gepreßt, bis es sichtbar wieder austritt. Zur gleichmäßigen Verteilung der Schmiermittel und als Kontrolle, ob nichts streift oder klemmt, läßt man den Ladewagen im Stand mehrere Minuten lang laufen.

Die Klemmschrauben der Zinken sind von Zeit zu Zeit auf ihren festen Sitz zu prüfen. Verbogene Zinken werden möglichst sofort ausgerichtet oder ausgetauscht. Meist ist die Ursache eine zu tief gestellte Pick-up. Sind die Rollen an den Zinkenarmen ausgelaufen, sollte man unbedingt neue einbauen, ehe die Führungsscheiben angegriffen werden. Wurde die komplette Aufsammeleinrichtung (Pick-up) durch einen Fremdkörper beschädigt, wird sie ganz abgebaut und zerlegt.

Beim Zusammenbau ist es wesentlich, daß die Exzenterarme der Zinkenwellen wieder richtig eingesetzt werden.

Sind die Seilzüge der Hubeinrichtung für die Pick-up oder andere Bedienungseinrichtungen verschlissen oder brüchig, wechselt man diese sofort aus. Es ist ratsam, für die Bestellung der Ersatzseile die Länge möglichst genau anzugeben. Die Förderorgane werden durch Ketten angetrieben. Hier gilt die übliche Kettenpflege. Förderschwingen oder Schubstangen sollten vor dem Einsatz mehrmals durchgedreht werden, um etwa verbogene Förderleisten feststellen zu können. Da die Förderkette zum Pflegen nicht ausgebaut werden kann, ist sie täglich mehrmals im eingebauten Zustand zu ölen.

Sind die Spannklötze der Kettenspannung schon so weit eingelaufen, daß keine Spannung mehr er-

Abb. 157. Auswechseln von Zinkenpaaren.
Abb. 158. Eingelaufene Rollen werden ausgebaut.

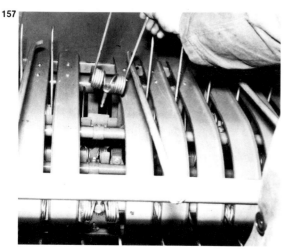

Abb. 159. Einsetzen der Exzenterarme.
Abb. 160. Einbauen der Führungshülse.
Abb. 161. Ausbau der Messer.

zielt werden kann, werden diese ausgewechselt (s. Seite 126). Wird das Förderaggregat mit einem Keilriemen angetrieben, ist auch hier auf richtige Spannung zu achten. Ist der Ladewagen mit einer Schneideinrichtung ausgestattet, sind die Messer nach Bedarf zu schleifen. Da die Messer mit wenigen Griffen ausgebaut werden können, läßt sich diese Arbeit im Schraubstock leichter ausführen.

Sind Messer auf einer Seite gezahnt, so dürfen sie nur auf der glatten Seite nachgeschliffen werden.

Die Spannung des Kratzbodens prüft man wie bei Stalldungstreuern beschrieben (s. Seite 63).

Dabei sind die Verbindungsglieder gewissenhaft zu sichern und die Leisten nur mit Hammerschrauben zu befestigen.

Normale Schloß- oder Maschinenschrauben stehen zu weit vor und ecken an. Das hat einen unrunden Lauf des ganzen Kratzbodens zur Folge. Die Backenbremsen von Ladewagen werden häufig über Seilzüge betätigt; die laufende Wartung ist einfach.
Reparatur von Backenbremsen s. Seite 27; Einstellung von Auflaufbremsen s. Seite 58.

Der Bowdenzug muß immer gängig sein, das erreicht man am besten durch regelmäßiges Einölen mit einer Mischung von Öl und Graphitpulver. Muß ein neues Bremsseil eingezogen werden, ist die richtige Länge einzuhalten und das Seil vor dem Einbau mit Graphitfett zu schmieren. Auf gute Befestigung der Kauschen mit Drahtklemmen ist zu achten. Bremsen einstellen s. Seite 57. Die Bremsschlüssel sind von Zeit zu Zeit abzuschmieren, hierzu dient der Schmiernippel an der Wellenlagerung.

Nur 1–2 Fettpressenhübe eindrücken, da sonst Fett auf die Bremsbeläge gelangt.

Sind die Bremsbeläge verölt oder schon so weit abgeschliffen, daß die Hohlnieten an die Belagoberfläche treten, müssen die Beläge erneuert werden, ehe sie in der Bremstrommel Riefen hinterlassen (s. Aufnieten von Bremsbelägen Seite 27; Einstellen der Handbremse s. Seite 57).

4.4 Pressen

Hochdruckpresse

Vor der ersten Inbetriebnahme einer Aufnahmepresse müssen Anhängevorrichtung und Gelenkwelle an den Schlepper angepaßt werden; dabei ist die vorgeschriebene Gelenkwellenlänge zu berücksichtigen. Anpassen der Gelenkwelle s. Seite 109.

Als Überlastungsschutz dient bei Hochdruckpressen auf dem Schwungrad eine Rutschkupplung, die auf ein bestimmtes Drehmoment eingestellt sein muß. Rutscht die Überlastungskupplung beim Preßvorgang ohne sofort erkennbaren Grund durch, sollte man sie, bevor der vorgeschriebene Wert eingestellt wird, zerlegen und überprüfen. Bei der Rutschkupplung an der Claas-Hochdruckpresse geschieht dies folgendermaßen: Nachdem die Gelenkwelle abgebaut ist, wird die komplette Rutschkupplung abgeschraubt. Durch Entfernen der Schrauben mit den Druckfedern ist die Kupplung schnell zerlegt. Die Einzelteile werden nun auf ihren Zustand geprüft. Die 6 Federn müssen in der Länge genau gleich sein.

Beim Auswechseln dürfen nur Federn der gleichen Güte und Länge verwendet werden.

Der Zusammenbau erfolgt in umgekehrter Reihenfolge. Das Drehmoment wird durch Anspannen der 6 Federn erreicht. Es ist dann richtig, wenn die Federn im gespannten Zustand eine Länge von 44 mm haben. Das ergibt einen Einstellwert von 520 N (52 mkp). Als Schutz gegen schlagartig auftretende Belastungen ist in dem Schwungrad noch eine Scherschraube (M 10 × 65 mm 86 DIN 931) eingesetzt. Durch Überlastung am Hauptantrieb schert die Scherschraube ab. Die Bruchhälften

Abb. 162. Lösen der Gelenkwellenbefestigung.
Abb. 163. Abziehen der Gelenkwelle.
Abb. 164. Vorspannung der Federn beachten.

müssen mit einem Durchschlag herausgeschlagen und eine Scherschraube der gleichen Abmessung und Festigkeit eingesetzt werden. Zur exakten Überprüfung ist eine Federwaage oder eine Meßuhr notwendig. Dies zeigt der Meßversuch an einer Claas-Hochdruckpresse; bei der Welger-Hochdruckpresse beträgt das Anzugsmoment 750 N (75 mkp). Sind Reparaturen am Getriebe notwendig, sollte man diese Arbeit dem Fachmann überlassen. Wurden die Ketten vom Haupt- und Verteilergetriebe aus irgend einem Grund abgenommen, muß die Presse wieder neu eingestellt werden, damit der Schwingkolben und die Nadeln wieder in die vorgeschriebene Stellung kommen.

Da die Einstellungen von Rafferzinken und Preßkolben je nach Fabrikat und Type verschieden sind, muß man bei dieser Arbeit die Anweisungen der Betriebsanleitung beachten. Das Spannen der Ketten geschieht ebenfalls nach Anweisungen der Betriebsanleitung (s. hierzu auch „Wartung der Rollenkette" Seite 124).

Der Antrieb der Pick-up ist bei verschiedenen Fabrikaten mit einer Überlastungssicherung (Rutschkupplung) versehen. Schleift die Rutschkupplung ohne erkennbarem Grund durch, muß sie auf ihre Funktionsfähigkeit überprüft, zerlegt und wieder neu eingestellt werden. Hierbei Montageanleitung beachten und die vorgeschriebenen Drehmomentswerte einstellen. Erfolgt der Antrieb über einen Keilriemen, ist hier auf gute Spannung zu achten (s. Seite 129).

Sollten Störungen am Knüpferapparat auftreten, z. B. Fehlknüpfungen, findet man die Ursachen und Abhilfen in den Störungstabellen der Betriebsanleitungen.

Sorge dafür, daß sämtliche Teile des Knüpferapparates immer sauber und die Flächen, über die das Bindegarn gleitet, blank sind.

Damit alle beweglichen Teile ständig leichtgängig bleiben, täglich mehrmals gut einölen. Ist die Presse mit einer Ballenschleuder ausgerüstet, erfolgt der Antrieb der Gummibänder meist durch einen Ölmotor. Die Leitungen sind täglich auf Dichtheit zu prüfen. Das Öl im Behälter ist erstmals nach 50 Betriebsstunden zu wechseln und weiter nach jeder dritten Erntesaison. Soll nur Öl nachgefüllt werden, ist gleichwertiges Hydrauliköl zu verwenden. Bei einer Neufüllung kann ein Motorenöl SAE HD 20 verwendet werden.

Die beiden Wurfbänder sollen gleichmäßig gespannt sein, um Schräglauf zu verhindern und Bandabnützung zu vermeiden.

4.5 Feldhäcksler

Beim Scheibenrad – wie beim Trommelfeldhäcksler erfolgt die Aufnahme des Schnittgutes durch die Pick-up-Vorrichtung, die bereits beim Ladewagen auf Seite 90 beschrieben wurde. Das Weiterfördern geschieht durch die Einzugsschnecke und nachfolgende Förderelemente. Eine tägliche Kon-

Abb. 165. Messen der Überlastungskupplung.

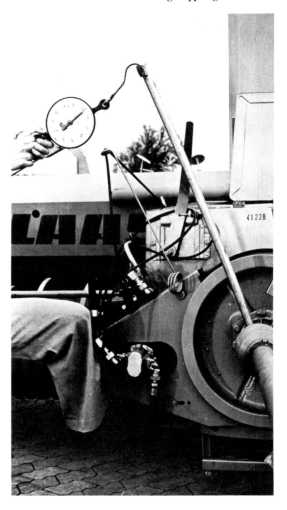

trolle der Ketten und Zahnräder ist unbedingt erforderlich. Je nach Kettenlänge müssen die Spannvorrichtungen, die meist aus Holzklötzen bestehen, ein- bzw. nachgestellt werden. Spannung von Rollenketten s. Seite 125. Zu weit eingelaufene Spannklötze bewirken Verschleiß an der Kette. Die tägliche Reinigung des Häckslers sollte sehr gewissenhaft durchgeführt werden, da Pflanzensäfte, vor allem beim Mais, eine schnelle Rostbildung bewirken. Ölwechsel im Getriebe jährlich durchführen.

4.5.1 Schleifen der Häckslermesser

Die Messer sollen einen Schärfwinkel von etwa 18–25° haben. In den meisten Fällen ergibt sich der Schärfwinkel automatisch, da bei fast allen Trommel- wie Scheibenradfeldhäckslern eine Schleifeinrichtung fest montiert ist. Beim Schärfen der Messer mit eingebauter Schleifvorrichtung sind die Unfallverhütungsvorschriften der Bedienungsanleitung zu beachten. Bei Häckslern ohne eingebaute Schleifeinrichtung sind die Messer zum Schärfen auszubauen. Damit alle Messer einen gleichen Schnittwinkel bekommen, ist es ratsam, sich eine Vorrichtung mit dem Winkel von ca. 25° zu fertigen, die man an den stationären Schleifapparat schrauben oder klemmen kann. Wird das Schärfen mit einem Winkelschleifer gemacht, ist besondere Sorgfalt geboten. Die Messer spannt man mit zwei Schraubzwingen auf eine

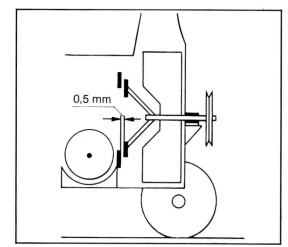

Werkbank. Sind Scharten in der Schneidkante, ist das Messer bis auf die Tiefe der Ausbruchstelle zurückzuschleifen. Hierbei muß das gegenüberliegende Messer ebenfalls durch Nachschleifen auf das selbe Gewicht gebracht werden (Unwuchtgefahr!).

Nie ohne Schutzbrille schleifen.

Die Gegenschneide ist ebenfalls auf ihre Schärfe zu kontrollieren und, wenn nötig, nachzuschleifen. Der Abstand von allen Messern zur Gegenschneide muß genau gleich sein. Er ist dann richtig, wenn die Messer mit etwa 0,5 mm Abstand an der Schnittkante vorbeigehen. Das kann man am besten mit einem 0,5 mm dicken Blechstreifen prüfen. Erweitert man den Spalt zwischen Messer und Gegenschneide bis auf etwa 1–1,5 mm, erhöht sich der Schneidleistungsbedarf bis zu 100%.
Die Schrauben sind wieder gewissenhaft anzuziehen und nach etwa einer Stunde Betriebszeit nochmals auf ihren Sitz zu prüfen.

Lege niemals während der Reparatur Werkzeug oder Ersatzteile auf dem geöffneten Häcksler ab.

Spricht während dem Einsatz die Rutschkupplung der Gelenkwelle an, so ist zu prüfen, ob die Ursache an einer Stelle des Häckslers oder an der Ruschkupplung liegt. Die vom Hersteller vorgeschriebenen maximalen Drehmomentswerte dür-

Abb. 166. Auf gute Befestigung achten.
Abb. 167. Abstand vom Messer zur Gegenschneide prüfen.

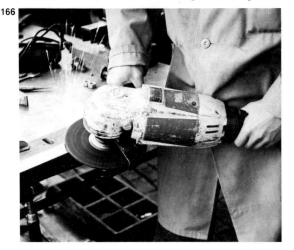

fen auf keinen Fall verändert werden. Das Abschmieren sollte grundsätzlich nach dem Schmierplan erfolgen, dies ist vor allem vor dem ersten Einsatz sehr wichtig, damit das eingetrocknete Fett aus den Lagern gedrückt wird.

4.5.2 Einwintern des Häckslers

a) Sämtliche Ketten abnehmen, säubern und in Öl legen (s. „Kettenpflege").
b) Sämtliche Keilriemen entspannen, gegebenenfalls abnehmen und trocken, hängend aufbewahren.
c) Maschine gründlich reinigen und an den blanken Stellen mit Konservierungsöl einpinseln.
d) Maschinen mit luftbereiften Lauf- und Stützrädern sind aufzubocken (übliche Reifenpflege beachten).

4.6 Spezialmaishäcksler

Bevor die Gelenkwelle aufgesteckt und der Häcksler in Betrieb genommen wird, dreht man den Antrieb von Hand durch; er muß leichtgängig sein. Diese Kontrolle sollte nicht nur bei Maschinen gemacht werden, die bereits im Einsatz waren, sondern vor allem bei neuen. Vor dem ersten Einsatz sollen sämtliche Lagerstellen abgeschmiert und die Ketten geölt werden (s. Schmierplan).

Bei schwer zugänglichen Ketten ist zur Dauerschmierung ein Tropföler angebracht. Das Kettenöl, welches für Ketten von Motorsägen verwendet wird, eignet sich hierzu besonders gut, da es eine sehr gute Adhäsion besitzt. Die Flügel- oder Schlitzschraube des Durchlaßventils wird so eingestellt, daß das Öl leicht, aber gleichmäßig abtropft. Der Ölbecher ist alle 10 Stunden aufzufüllen. Offene Zahnradwinkelgetriebe werden ebenfalls alle 10 Betriebsstunden am besten mit Mehrzweckfett eingefettet. Den Ölwechsel sollte man jährlich vor Beginn der neuen Erntezeit machen. Die Einzugsorgane sind regelmäßig auf Spannung und Verschleiß zu prüfen, insbesondere die Holz- oder Kunststoffführungen. Dabei ist darauf zu achten, daß die Bohrungen der neuen Führungsklötze beim Aufnieten oder Aufschrauben nicht ausplatzen. Die Messer werden mit der aufgebauten Schleifeinrichtung nachgeschliffen (Abb. S. 96).
Sollen Messer ausgetauscht werden, wird in der Regel der komplette Satz ausgewechselt. Ist nur ein Messer eines schon mehrmals geschliffenen Messersatzes beschädigt, muß man unbedingt auch das gegenüberliegende Messer mit austauschen, da die Trommel sonst mit Unwucht läuft. Die Maschine ist dann sehr starken Vibrationen und Schwingungen ausgesetzt, was zum vorzeitigen Auslaufen der Lager führt. Auch Brüche an Rahmenteilen können die Folge sein. Nachdem sich durch mehrmaliges Schleifen der Messer der Abstand zur Gegenschneide automatisch vergrößert, wird es notwendig, die Messer wieder auf ihren Sollabstand von 3 mm zu bringen. Damit alle Messer den selben Abstand erhalten, ist es ratsam, ein Distanzblech von 3 mm Dicke bei langsamem Durchdrehen der Trommel von Hand zwischen Messer und Gegenschneide zu halten.

Abb. 168. Tropföler vor dem Einsatz auffüllen.
Abb. 169. Prüfen der Förderkettenspannung.

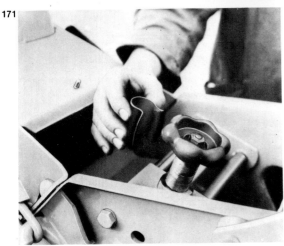

Beim Scheibenradhäcksler ist die Schleifscheibe ebenfalls zum Schärfen der Messer nur immer geringfügig nachzustellen. Auch bei diesem Häcksler ist das vom Hersteller vorgeschriebene Abstandsmaß von ca. 2–3 mm zwischen Gegenschneide und Messer wegen des exakten Schnittes einzuhalten. Bei verschiedenen Fabrikaten erfolgt die Einstellung zentral an der Messerscheibenwelle; Wartung und Pflege wie beim Trommelhäcksler.

4.7 Mähdrescher

4.7.1 Inbetriebnahme und tägliche Wartung

Unterbrechungen während der Ernte beim Mähdrusch lassen sich weitgehend vermeiden, wenn der Mähdrescher sorgfältig auf seinen Einsatz vorbereitet wird. Deshalb sollte man vor der täglichen Inbetriebnahme der Mähdrescher mindestens eine Stunde für eine gründliche Durchsicht und Wartung aufbringen. Hierzu folgt man am besten der Arbeit der einzelnen Baugruppen entsprechend dem Getreidedurchfluß. Beim Abschmieren sollte der Schmierplan zur Hand genommen werden, damit keine Schmierstelle vergessen wird. Dabei ist eine Hochdruckfettpresse mit flexiblem Schlauch besser als die z. T. mitgelieferte kleine Presse. Nicht nur weil sie leistungsfähiger ist, sondern weil man mit ihr auch die Nippel leichter erreicht.

4.7.2 Schneidwerk

Sind Klingen stumpf oder beschädigt, dürfen nur Klingen von der gleichen Art aufgenietet werden. Der Messerstab muß sich im Balken spielfrei, aber dennoch mühelos von Hand hin- und herschieben lassen. Geht das merklich schwer oder hat das Messer zu viel Spiel, ist das Schneidwerk gemäß Seite 81 „Einzustellen bzw. zu Überholen".
Auf richtige Spannung des Keilriemens vom Mähmesserantrieb ist zu achten. Verschiedene Antriebsriemen haben zur Verstärkung eine Stahleinlage. Für Riemen dieser Art ist bei der Montage besondere Sorgfalt nötig (s. Seite 130).
Wird Spiel am Messerantriebskopf festgestellt, sind meist die beiden Führungsplatten eingelaufen. Da die Platten beidseitig gehärtet sind, können sie, z. B. bei Massey-Ferguson, umgedreht werden.

Abb. 170. Schärfstein gleichmäßig bewegen.
Abb. 171. Schutzkappe wieder aufstecken.
Abb. 172. Messerhalterschrauben festziehen.

Als Ersatz dürfen keine selbstgefertigten Flacheisenplatten verwendet werden, da diese nicht die erforderliche Härte und Festigkeit haben.

Erfolgt der Antrieb des Messers durch Triebstangen mit Kugelgelenken, sind diese täglich mehrmals mit Mehrzweckfett abzuschmieren. Dabei ist darauf zu achten, daß die Silentblöcke (Gummizwischenscheiben) mit dem Schmiermittel nicht in Berührung kommen. Sind die Kugelgelenke mit Kunststoffdauerschmierlagern versehen, darf man diese nicht schmieren. Sie müssen nach Verschleiß gegen neue ausgewechselt werden. Wurden ausgeschlagene Kugelbolzen oder Antriebswinkelhebel ausgewechselt, ist der Messerhub neu einzustellen. Das Messer ist richtig eingestellt, wenn die Messerklingen bei Totpunkt genau in der Fingermitte stehen. Da das Einstellen von Fabrikat zu Fabrikat verschieden ist, muß man nach Anleitungen des Herstellers verfahren.

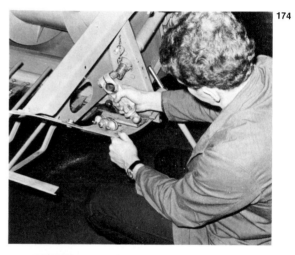

Selbstsichernde Muttern sind grundsätzlich durch neue zu ersetzen, wenn sie 2–3 mal gelöst wurden.

4.7.3 Haspel

Je nach Type und Bauart des Mähdreschers wird die Haspel über Reibebänder, Keilriemen oder Ketten angetrieben. Rutschen die Reibebänder schon bei geringem Widerstand durch, sind diese meist verölt. Das Reinigen mit Benzin ist die einzige Abhilfe. Dreht sich die Haspel ruckweise, so sind entweder die Federn zu locker oder die Reibebänder auf den Mitnehmerscheiben angerostet. Hier hilft nur ein Zerlegen und Entrosten. Die Stehbolzen sind anschließend zu schmieren.

Festgerostete Bänder nicht mit Gewalt von den Bolzen der Antriebsgestänge abziehen, sondern mit rostlösenden Mitteln einsprühen und kurz einwirken lassen (z. B. Karamba).

Abb. 173. Mähmesserantriebsführung „A" bei MF.
Abb. 174. Mähantrieb durch Kugelgelenk (Claas).
Abb. 175. Gelenkbolzen täglich ölen.

Die Federspannung an beiden Antriebsschubstangen wird anschließend so weit erhöht, bis die Haspel ruckfrei läuft. Bei Keilriemenantrieben müssen die Spannrollen täglich kontrolliert werden. Erfolgt der Antrieb über Ketten, ist auch hier auf richtige Spannung und Wartung zu achten (s. Teil „Wartung der Rollenkette", „Ketten mit Kunststoffhülsen" Seite 125). Bei einigen Mähdreschern ist die Haspel durch eine Rutschkupplung gegen Überlastungen gesichert. Bleibt die Haspel bei normalen Arbeitsbedingungen stehen, so sind die Federn der Kupplung durch Nachziehen der Muttern auf ihre richtige Vorspannung zu bringen. Je nach Type Montageanleitungen beachten.

4.7.4 Zuführschnecke

Damit die Einzugfinger störungsfrei arbeiten können, sind die Fingerhalter täglich mehrmals zu ölen oder bei Nippeln mit der Fettpresse abzuschmieren. Eine Schwierigkeit bereitet der Ausbau von beschädigten Fingern meist nur dann, wenn die Einzugsschnecke geschlossen ist. Bei dieser Arbeit sind die Fingerrohre nach Abbau einer Kurvenscheibe seitlich aus dem Tisch zu ziehen.

Vor der Montage sollte man die Stellung der Kurvenscheibe und Fingerrohre kennzeichnen (s. Montagehandbuch).

Sind die Schneckenwindungen der Einzugswalze verbogen, werden sie so ausgerichtet, daß ein Abstand zur Schneidwerksmulde von ca. 10–15 mm vorhanden ist.

4.7.5 Kettenelevator

Die Spannung des Kettenelevators ist besonders wichtig, da sonst das Dreschgut unter die Elevatorleisten kommen kann, was dann leicht zu Störungen, u. U. zu Beschädigungen führt. Die Kettenspannung ist richtig, wenn man den Elevator an den Leisten etwa 2–3 cm vom Boden des Einzugskanals anheben kann. Ist ein Nachstellen notwendig, muß dies an beiden Einstellschrauben gleichmäßig durchgeführt werden.

4.7.6 Dreschwerk

Die Dreschtrommel ist mit einer Anzahl Schlagleisten versehen, die von der Herstellerfirma genau ausgewuchtet sind, damit die Trommel nicht schlägt. Müssen nach Beschädigungen am Dreschorgan Trommelleisten ausgewechselt werden, dürfen nur Originalleisten Verwendung finden. Hierbei ist die Richtung der Riffelung maßgebend. Das Gewicht der neuen Leiste ist mit dem Gewicht der alten zu vergleichen. Auch die Leistendicke ist auf die der beschädigten abzustimmen. Man schleift die Riffelung mit einem Winkelschleifer so lange ab, bis die richtige Dicke erreicht ist. Weicht das Gewicht noch ab, ist die Schlagleiste links und rechts gleichmäßig so zu kürzen, bis die neue Leiste das Gewicht der beschädigten hat.

Abb. 176. Anzugsmoment der Federn 16 m/kp (Claas).
Abb. 177. Auf Riffelung der Trommelleisten achten („R" = rechts; „L" = links).

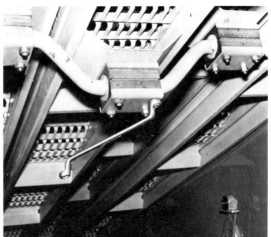

Abb. 178. Einbau von Schüttlerlagern.
Abb. 179. Auf festen Sitz der Schrauben achten.

Die Schlagleisten dürfen nur mit Originalschrauben befestigt werden.

Bei Beschädigungen der Dreschtrommel treten meist auch Störungen am Korb auf. Man sollte deshalb den Abstand der einzelnen Trommelleisten zum Korb genau prüfen. Dazu wird ein Stück Flachstahl, in der Dicke von ca. 5 mm, abwechselnd links und rechts zwischen Trommel und Korb gesteckt. Beim langsamen Durchdrehen der Trommel prüft man, ob ein gleichmäßiges Streifen der Trommel hörbar ist. Das Ein- bzw. Nachstellen erfolgt durch die Einstellschrauben an der Außenwand des Dreschkanales.
Beim Wechseln von Zahnrädern zur Veränderung der Trommeldrehzahl kommt es darauf an, daß das Kettenschloß richtig eingesetzt wird (s. Seite 127). Werden größere Reparaturen notwendig, überläßt man diese dem Fachmann.

4.7.7 Schüttler

Die Schüttlerlager sind durch die Massenkräfte der Schüttler und durch starken Schmutzanfall einem besonders großem Verschleiß ausgesetzt. Bei allen Mähdrescherfabrikaten sind diese Lager aus Hartholz gefertigt. Man sollte immer eine Garnitur auf Lager haben. Werden die Lager in Öl getränkt, erhöht sich die Lebensdauer. Wird Spiel in den Schüttlerlagern festgestellt, sollte man sofort für Abhilfe sorgen, da sonst die Kugel- oder Gleitlager der Schüttlerwelle Schaden nehmen würden. Oft lassen sich die Holzlager an ihren Planflächen nachschleifen, dadurch wird die Lagerbohrung verkleinert und das Spiel behoben. Sind die Lagerböcke mit selbstsichernden Muttern verschraubt, muß man feststellen, ob die Kunststoffmasse im Gewindegang noch so viel Klemmsicherheit bietet, daß sie sich nicht selbsttätig lösen können; spürt man beim Anschrauben keinen merkbaren Klemmwiderstand, so ist die Mutter gegen eine neue auszuwechseln.

4.7.8 Körnerelevator

Bei der Arbeit mit dem Mähdrescher sollte man mehrmals am Tage die unteren und oberen Elevatorklappen öffnen, die Rückstände entfernen und die Kettenspannung prüfen. Dadurch werden Verstopfungen und meist auftretende Störungen vermieden. Muß die Kette dennoch einmal ausgebaut werden, ist sie nach oben aus dem Elevatorschacht zu ziehen. Damit die Elevatorkette nach dem Entfernen des Kettenschlosses nicht im Schacht herunterfällt und sich verklemmt, ist sie vorher an jedem Kettenende mit einem ca. 3 m langen Bindedraht oder Bindegarn zu sichern. Nachdem die Kette wieder eingebaut ist, muß sie auf die richtige Spannung gebracht werden. Da es sich hier um eine Rollenkette handelt, darf man sie nicht zu stramm spannen (Abb. s. S. 100). Sämtliche Einstellungen und Umbaumöglichkeiten für andere Dreschgutarten sind den jeweiligen Bedienungsanweisungen zu entnehmen.

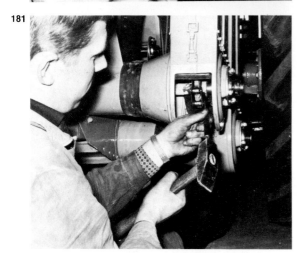

4.7.9 Motor

Die tägliche Wartung und laufende Überwachung des Dieselmotors kann Seite 10 entnommen werden. Ist der Mähdrescher mit einem Ottomotor ausgestattet, müssen Zünd- und Vergasereinstellungen in den vom Hersteller vorgeschriebenen Zeitabständen genau nach Vorschrift vorgenommen werden. Da es sich hier um Hochleistungsmotoren handelt, müssen diese Einstellungen sehr genau erfolgen. Dies ist nur in Fachwerkstätten möglich, welche zur Einstellung der Zündanlage über ein Schließwinkelgerät verfügen. Die Vergasereinstellung kann ebenfalls nur dann exakt durchgeführt werden, wenn diese, mit dem Abgastest verbunden, erfolgt. Der Elektrodenabstand der Zündkerzen kann selbst kontrolliert und, wenn notwendig, nachgestellt werden. Er beträgt beim 4-Takt-Ottomotor mit Batteriezündung zwischen 0,8–0,9 mm. Der Verstellregler ist alle 50 Betriebsstunden zu ölen. Es ist ferner darauf zu achten, daß sich am Motor keine Spreu ablagert, um immer eine ausreichende Kühlung zu haben.

Überhitzte Motorteile bedeuten Brandgefahr.

Stellt man nach mehrmaligem Einsatz fest, daß der Motor unrund und mit wenig Leistung läuft, ist das oft auf eine mangelhafte Kraftstoffzuführung oder einen Fehler am Luftfilter zurückzuführen. Im ersten Fall muß das Sieb in der Kraftstofförderpumpe ausgebaut und gereinigt werden. Das durch Temperaturschwankungen gebildete Kondenswasser und die Schmutzteilchen stören die Kraftstoffzuführung. Vor dem Ausbau ist der Kraftstoffhahn am Tank zu schließen. Weist der Luftfilter Verunreinigung auf, gilt die übliche Luftfilterpflege (s. Kapitel „Luftfilter" Seite 12).

Der hohe Staubanfall beim Mähdrusch erfordert eine mehrmalige Luftfilterkontrolle während eines Arbeitstages.

Abb. 180. Beim Einbau der Elevatorkette neue Drahtsicherung einsetzen.
Abb. 181. Drahtsicherung an beiden Enden gleichmäßig umbiegen und verspannen.
Abb. 182. Elevatorkettenspannung an beiden Einstellschrauben gleichmäßig vornehmen.

Abb. 183. Ölen des Verstellreglers.

4.7.10 Hydraulik

Grundsätzlich sind die selben Hinweise zu beachten wie bei der Schlepperhydraulik (s. Seite 23). Müssen Steuergeräte, Hubzylinder oder Ölmotoren ausgebaut werden, ist der Motor des Mähdreschers abzustellen: sämtliche Steuerhebel sind in Neutralstellung zu bringen, damit die Leitungen drucklos sind (Unfallgefahr!). Weil diese Teile meist nur im Tauschverfahren ausgewechselt werden, ist es nicht ratsam, sie zu zerlegen und auf ihre Störung zu untersuchen. Beim Einbau ist einwandfreie Abdichtung herzustellen. Das anschließende Säubern ist von besonderer Wichtigkeit, damit etwa undichte Stellen sofort erkannt werden. Der hohe Staubanfall erfordert sorgfältige Filterpflege und rechtzeitigen Ölwechsel.

4.7.11 Einwintern

a) Die ganze Maschine wird gründlich gereinigt. Hierbei sollte man den Mähdrescher nicht mit Wasser abspritzen, sondern mit Druckluft durchblasen und festsitzende Erntegutrückstände ablösen.
b) Alle verbogenen oder beschädigten Teile werden sofort repariert bzw. ausgewechselt.
c) Sämtliche Schmierstellen sind nach Schmierplan so lange abzuschmieren, bis das Fett aus allen Lagerstellen sichtbar austritt. Anschließend läßt man die Maschine einige Minuten langsam laufen und schaltet dazu sämtliche Antriebe ein, damit sich das Fett gleichmäßig verteilt.
d) Alle Keilriemen sind zu entspannen, wenn möglich abzunehmen und in einen trockenen Raum zu bringen (hängend aufbewahren). Flachriemen s. Seite 130. Wenn die Antriebsriemen im gespannten Zustand an der Maschine bleiben müssen, weist der Hersteller in der Bedienungsanleitung besonders darauf hin.
e) Alle Rollenketten werden abgenommen und gemäß Seite 124 gewartet.
f) Die Elevatorketten ölt man in eingebautem Zustand, dabei ist darauf zu achten, daß die Gummitransportplatten nicht mit Öl in Berührung kommen.
g) Das Mähmesser wird ausgebaut und mit Konservierungsöl eingepinselt oder eingesprüht.
h) Der Mädrescher ist zur Schonung der Bereifung aufzubocken.
i) Der Tisch wird ebenfalls zur Entlastung der Tischausgleichsfedern unterbaut.
k) Damit die Mitnehmerscheiben der Rutschkupplung nicht fest werden, sind sämtliche Druckfedern zu entlasten (vorher Einstellung aufschreiben).
l) Der Motor wird am besten mit Kaltreiniger eingepinselt und abgesprüht.
m) Öl- und Luftfilter gründlich reinigen und, wenn nötig, frisches Öl auffüllen.
n) Motoröl in warmem Zustand ablassen und etwa die Hälfte der normalen Füllmenge Motorschutzöl einfüllen.
o) Beim Dieselmotor gibt man einige Spritzer Motorschutzöl in die Bohrungen der Düsen, die dazu ausgeschraubt werden müssen (ca. 5 Spritzer).
p) Beim Ottomotor spritzt man das Öl in die Zündkerzenbohrungen, auch hierzu müssen die Zündkerzen herausgeschraubt werden (ca. 5 Spritzer).
q) Damit sich im Tank keine Korrosion bilden kann, ist dieser bis zum Rand mit einer Mischung Dieselkraftstoff und Öl (1:10) aufzufüllen.
r) Damit im Motor durch Temperaturschwankungen kein Kondenswasser entstehen kann, müssen Luftfilter, Auspuff und Kurbelgehäuseentlüftung mit Plastikfolien oder festem Papier verschlossen werden.
s) Das Kühlwasser läßt man restlos ab und füllt den Kühler mit speziellem Kühlerkonservierungsmittel (Mischtabelle beachten!).

t) Sämtliche blanken Teile werden mit Konservierungsöl eingesprüht.

Wird der Mähdrescher nicht einkonserviert, sollte man den Motor in kurzen Zeitabständen laufen lassen und sämtliche Antriebsorgane ebenfalls in Betrieb setzen.

4.8 Zuckerrübenernter

4.8.1 Bunkerköpfroder

Das tägliche Abschmieren nach Schmierplan ist eine der wichtigsten Grundlagen für den störungsfreien Ablauf beim Roden. Da die Einstellungen des Köpfapparates von Fabrikat zu Fabrikat verschieden sind, muß man nach den jeweiligen Bedienungsanleitungen verfahren. Das Köpfmesser muß immer scharf sein. Stumpfe Messer führen zum Ausbrechen der Rüben. Wird das Messer nachgeschliffen, ist auf Einhalten des Schliffwinkels zu achten (Fasenlänge ca. 20–30 mm).

Messer nur von „unten" her schleifen.

Der Schleifgrat auf der Oberseite wird mit einer Schlichtfeile entfernt. Das Köpfmesser darf während der Rodearbeiten nicht im Boden laufen (Tiefeneinstellung). Erfolgt die Korrektur elektronisch, wie z. B. beim „Kleine Automatic – 3000/5000", sind bei Störungen die Anweisungen der Bedienungsanleitung zu beachten (Kontrolle in Arbeitsstellung). In dieser Stellung muß die auf dem Boden aufliegende Schleifkufe den hinteren Schalter ausschalten. Ist das nicht der Fall, wird die Klemmvorrichtung, der Tiefenkontrolle gelöst und wieder neu eingestellt. Wird anschließend die Schleifkufe von Hand etwa 3 cm angehoben, muß der Schalterkontakt sich wieder schließen und die Köpfeinrichtung anheben. Ist der Weg und somit das Arbeitsspiel zwischen Heben und Senken zu groß oder zu klein, muß der jeweilige Schalter verstellt werden. Hinzu ist die Klemmschraube zu lösen und der Schalter im Langloch zu verschieben. Dabei legt man einen Gegenstand von etwa 3 cm Dicke unter die Schleifkufe. Hängt die Schleifkufe in ihrer Befestigung zu weit nach unten

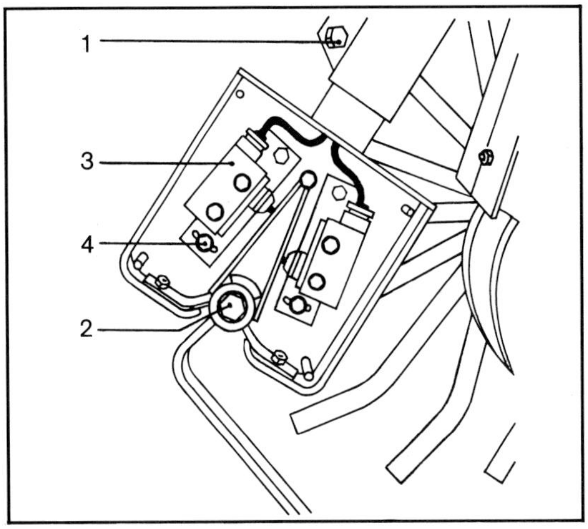

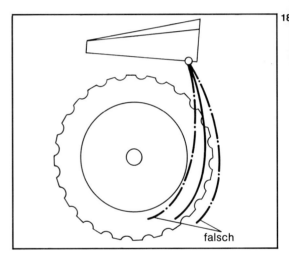

Abb. 184. Tiefeneinstellung gewissenhaft vornehmen (1 Klemmschraube, 2 Tiefenkontrolle, 3 Schalter, 4 Klemmvorrichtung).
Abb. 185. Richtige Einstellung der Fühler.

durch, wird der Weg zwischen den einzelnen Schaltimpulsen zu groß (er soll etwa 2 cm betragen). Die Korrektur des Spiels geschieht durch Verstellen der Anschlagschraube (Fa. Kleine).

4.8.2 Lenkautomatik

Die Lenkautomatik ist dann richtig eingestellt, wenn die Fühler genau in der Mitte der beiden äußeren Tastscheiben stehen (Fa. Kleine). Eine Überprüfung und Korrektur wird dann notwendig, wenn die Fühler zu früh, zu spät oder überhaupt nicht ansprechen. Zur genauen Einstellung dient das Langloch an der Halterung. Stellt man fest, daß der Taster einseitig steuert, ist die Stellung der Schaltfeder zu prüfen. Dazu muß die Schutzhaube am Schaltkasten abgenommen werden. Nachdem von Hand beide Fühler gleichmäßig nach hinten an den Tastermantel gedrückt sind, ist der Abstand von den Schaltern zur Schaltfeder an den beiden Fühlern zu prüfen. Der Abstand muß ca. 3–4 mm betragen. Andernfalls ist eine Nachstellung notwendig. Verbogene Tasterstäbe sollte man zum Ausrichten ausbauen.

4.8.3 Putzschleuder

Die an einem Putzerstern befestigten Gummiklöppel sind dem Verschleiß besonders stark ausgesetzt. Beschädigte oder verschlissene Gummiklöppel

Abb. 186. Abstand von Schalter „3" zur Schalterfeder „2" überprüfen und am Langloch „1" einstellen.

pel wechselt man am besten sofort gegen neue aus. Dabei sind die Sterne von der Welle abzunehmen. Der Ölstand im Winkelgetriebe ist in Abständen zu kontrollieren.

4.8.4 Bunker

Von Zeit zu Zeit müssen sämtliche Antriebsketten und Keilriemen nachgespannt werden (s. Seite 125). Die Bunkerförder- und Entleerungsketten sind dann richtig gespannt, wenn sie etwa 2–3 cm frei über den Rahmen laufen. Das Nachspannen muß an beiden Stellschrauben gleichmäßig erfolgen.

4.8.5 Hydraulik

Die übliche Wartung und Reparatur erfolgt wie bei der Schlepperhydraulik.
Ölantriebsmotoren, die nicht mehr ihre volle Leistung bringen oder defekt sind, kann man nicht reparieren. Sie müssen gegen neue ausgetauscht werden.

4.8.6 Hinweise für das Einwintern

a) Eine gründliche Reinigung erleichtert die Instandsetzung
b) Alle Schmier- und Ölstellen gewissenhaft abschmieren. Dabei vor allem die Schmiernippel auf Durchgang prüfen und die Lager solange abschmieren, bis das Fett sichtbar austritt.
c) Die mit Kunststofflagern versehene Rübenelevatorkette mit Benzin oder Petroleum reinigen und anschließend die Laschen mit lithiumverseiften Fetten, wie z. B. „Shell Retinax AM", einfetten.
d) Wartung von Rollenketten s. Seite 124
e) Wartung von Antriebsriemen s. Seite 129
f) Wartung der Hydraulikanlage (Ölwechsel) s. Seite 23. Dabei ist darauf zu achten, daß beim Ablassen des Öls sämtliche Hubkolben voll eingefahren bzw. entlastet sind.
Der im Ölbehälter befindliche Magnetstab ist besonders gründlich zu reinigen. Dazu muß er ausgeschraubt werden. Diese Arbeit verbindet man mit dem Wechsel der Ölfilterpatrone.
g) Sämtliche blanken Teile der Maschine sind mit Rostschutzöl, z. B. Rustban von Esso, einzupinseln oder einzusprühen.
h) Maschine aufbocken, damit die Reifen entlastet sind.

4.9 Futterrübenernter

4.9.1 Ziehvorrichtung

Die Gummigurte der Ziehvorrichtung müssen immer in richtiger Spannung gehalten werden. Dabei ist besonders wichtig, daß die Gurte genau in der Mitte der Spannrollen und des Ziehringes laufen (Abb. s. S. 104). Ist das nicht der Fall, sind die Laufrollen axial so zu verstellen, daß die Ziehriemen mittig laufen. Zur Einstellung dient die am oberen Ende der Lagerung angeordnete Exzenterschraube. Soll ein neuer Riemen aufgelegt werden, darf man dabei nicht mit scharfkantigem Werkzeug arbeiten.

Abb. 187. Ziehriemen „A" auf Rollenmitte „B" bringen.

Nach jedem Einsatz sind die Gummigurte zu entspannen.

Beim Abschmieren darf kein Öl oder Fett an die Gummigurte gebracht werden; ferner sollte man sie beim Abstellen der Maschine vor direkter Sonnenbestrahlung schützen.

4.9.2 Schneidvorrichtung

Die beiden Scheibenmesser sind täglich auf ihre Schärfe und richtige Einstellung zueinander zu kontrollieren. Das gezahnte Messer muß etwa eine halbe Fingerbreite (ca. 10 mm) über dem glatten Messer angeordnet sein. Sind die Messer stumpf, schärft man sie am besten mit einem Handschleifer im eingebauten Zustand.
Die Förderketten sind täglich auf ihre Spannung zu prüfen; sie ist dann richtig, wenn die Ketten nur bis zu 5 cm angehoben werden können. Wartung der Antriebsketten (Rollenketten) s. Seite 124. Das tägliche Abschmieren des Ernters erfolgt nach der Bedienungsanleitung. Defekte Schmiernippel müssen ausgewechselt werden (s. S. 9).

4.10 Kartoffelernter

4.10.1 Schleuderradroder

Nur gleichmäßig ausgerichtete Stäbe der Sternräder gewährleisten eine einwandfreie Rodearbeit, verbogene Stäbe sind deshalb unverzüglich zu richten.
Das Getriebe sollte jährlich einmal mit neuem Öl versorgt werden. Durch mangelnde Schmierung kann es zum Auslaufen der Halslager im Antrieb kommen. Sind die Abdichtringe (Wellendichtringe) an den Schaltwellenlagerungen oder dem Antrieb des Schleuderrades undicht oder verhärtet, wird dies durch das Auslaufen des Öls am Getriebegehäuse sichtbar. Aus- und Einbau von Dichtringen s. S. 108. Beim Auffüllen des Öls zeigt der Meßstab oder ein Schauglas die vorgeschriebene Menge an.

4.10.2 Vorratsroder

Quersiebroder – Da die Lagerbolzen durch ihre Rüttelbewegung nur einen sehr geringen Weg beschreiben, rosten sie leicht fest. Es ist deshalb darauf zu achten, daß sie während des Einsatzes mehrmals abgeschmiert werden. Sind die Schwinglager aus Kunststoff oder sind es gummibeschichtete Lagerbüchsen, dürfen diese nicht geschmiert werden.

4.10.3 Siebkettenroder

Er ähnelt in seinem Aufnahmeorgan einem Sammelroder (s. 10.4). Die Leistenkette darf, da sie durch ovale Antriebskettenräder oder Taumelstücke in eine schwingende Bewegung gebracht wird, nicht zu stramm gespannt sein. Ein Durchhang der Kette von ca. 5–8 cm erweist sich als richtig. Verbogene Stäbe richtet man sofort aus. Gebrochene Stäbe sollten, da sie aus vergütetem Stahl sind, nicht geschweißt, sondern ausgewechselt werden. Das Aushärten nach dem Schweißen könnte wieder zum Bruch führen.

4.10.4 Kartoffelsammelroder

Es ist ratsam, die Maschine vor dem täglichen Einsatz abzuschmieren und auf ihre Einsatzbereitschaft zu überprüfen. Da beim Rodevorgang ein sehr starker Staub- und Erdenanteil an die Lager gelangt, darf das beim Abschmieren aus den Lagern ausgetretene Fett auf keinen Fall abgewischt werden. Ferner dürfen mit fettigen oder öligen Händen keine Gummiteile berührt oder Antriebsriemen aufgelegt oder abgenommen werden. Die Antriebsketten werden gemäß Kapitel „Wartung der Rollenkette" gepflegt. Bei verschiedenen Fabrikaten dürfen die Förderketten nicht mehr geschmiert oder geölt werden, da sie mit Kunststoffgleitlagern versehen sind. Durch falsche Tiefeneinstellung der Dammaufnahmevorrichtung können die Schneidscheiben ausbrechen. Stumpfe und ausgebrochene Scheiben sind nicht mehr in der Lage, das seitlich über den Damm hängende Kraut abzuschneiden, was meist zur Verstopfung zwischen Dammwalze, Scheiben und Förderkette führt. Stumpfe Scheiben sind deshalb mit einem Handschleifer zu schärfen, gebrochene gegen neue auszutauschen. Der Abstand zwischen Schneidscheibe und Förderkette muß etwa 25–30 mm betragen.

a) **Rodeschar**

Je nach Fabrikat, Type und Anwendungsbereich sind entweder Meißel-, Mulden- oder Blattschare montiert. Wühlt z. B. das mehrteilige Meißelschar, ist es entweder falsch eingestellt oder einzelne Schare sind verbogen. Zum Ausrichten ist das beschädigte Schar auszubauen. Dabei muß von dem betreffenden Scharteil der Schwerspannstift mit Bolzen herausgeschlagen werden. Das Ausrichten wird, wenn es noch möglich ist, im kalten Zustand in einem Schraubstock oder auf einem Amboß vorgenommen. Müssen einzelne Meißel gegen neue ausgetauscht werden, ist die Ersatzteilnummer maßgebend, da die Meißel in Größe und Form unterschiedlich sind.

b) **Förderkette mit Siebrost**

Bei Maschinen, die über Siebroste (z. B. Hassia) absieben, ist darauf zu achten, daß die Siebroststäbe mit der ganzen Länge an den Leisten der Förderkette anliegen. Durchgebogene Stäbe richtet man in eingebautem Zustand aus. Dabei ist es zweckmäßig, die Förderkette zu entspannen und anschließend wieder stramm zu spannen. Sind Gummilappen an den Kettenleisten abgenutzt oder ausgerissen, sollen diese schnellstmöglich erneuert werden, damit keine Verletzung der Kartoffeln erfolgt.

Muß bei Arbeiten an der Siebkette oder dem Siebrost der Bunker ausgehoben werden, ist dieser so abzusichern, daß er sich nicht selbsttätig absenken kann (Unfallgefahr!).

c) **Siebkette**

Entsprechend dem Exzenterweg der Taumelarme muß die Kette je nach Länge einen Durchhang bis zu 10 cm haben. Wird die Siebkette zu stark gespannt, kann dies zum Bruch führen.

d) **Verleseband**

Die Gummibänder, welche mit einer Gewebeeinlage versehen sind, müssen während des Betriebes öfter auf ihre Spannung kontrolliert werden. Das „Nachspannen" hat an beiden Spannvorrichtungen gleichmäßig zu erfolgen; dabei sollen die Bänder in Ruhelage einen geringen Durchhang (bis zu 3 cm) haben.

Abb. 188. Sicherungsstütze „A" an der dafür bestimmten Stelle bei ausgehobenem Bunker einsetzen.

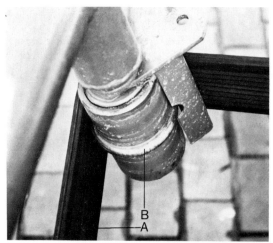

e) Hydraulik

Bei verschiedenen Fabrikaten muß man die Hydraulikanlage an den höchsten Stellen der Hubzylinder des Bunkers nach dem Auffüllen des Hydrauliköls noch entlüften. Hierzu sind die beiden Schrauben beim Ausheben des Bunkers leicht zu lösen, bis das Öl schaum- und blasenfrei austritt. Dann sind sämtliche Verschraubungen sowie die Ablaß- und Einfüllschraube gründlich zu säubern und auf Dichtheit zu prüfen. Undichte Verschraubung nur nach Abstellen des Vollernterantriebes nachziehen oder lösen (Unfallgefahr!).

Abb. 189. Nach dem Entlüften an der Schraube „A" wieder für gewissenhafte Abdichtung sorgen („B" ist Einstellschraube für gleichmäßige Hubhöhe).

5 Wartung von Maschinenzubehör und anderen Geräten

5.1 Aus- und Einbau von Wälzlagern und Wellendichtungen

5.1.1 Radlager (Kegelrollenlager)

Da Kegelrollenlager oft sehr hohen Belastungen ausgesetzt sind und die Schmierfähigkeit der Mehrzweckfette nicht unbegrenzt ist, treten im Laufe der Betriebszeiten Abnützungen und somit axiales Spiel auf. Man sollte deshalb Radlager jährlich einmal einer gründlichen Wartung unterziehen. Vor Beginn der Demontage ist das Fahrzeug oder der Schlepper unfallsicher aufzubocken,

Wegen Rutschgefahr einen Holzklotz zwischen Wagenheber und Maschine legen.

Das Rad ist abzunehmen und die Umgebung der zu reparierenden Seite gründlich zu reinigen. Nachdem die Staubkappe von der Radnabe gelöst und der Splint entfernt ist, schraubt man die Kronenmutter ab. Nun kann das äußere Kegelrollenlager herausgezogen werden. Hat man die Nabe vom Achsschenkel abgezogen, wird das innere Kegelrollenlager mit Simmerring frei. Beide Lager und das Innere der Radnabe müssen jetzt gründlich mit Dieselkraftstoff oder Waschbenzin gereinigt und mit Druckluft ausgeblasen werden.

Teile auf saubere, staubfreie Unterlage legen.

Nachdem die Kegelrollenlager und die in der Radnabe eingepreßten Außenringe fettfrei und trocken sind, werden diese auf eventuellen Verschleiß geprüft. Sind Lager beschädigt oder haben sie Riefen, werden Kegelrollenlager mit Außenring komplett ausgewechselt. Der Außenring wird mit einem passenden Dorn aus der Radnabe herausgeschlagen. Beim Einpressen des neuen Außenringes ist darauf zu achten, daß er gleichmäßig in die Bohrung der Radnabe schlüpft. Diese Arbeit darf nicht mit Gewalt geschehen. Der in die Innenseite der Nabe eingepreßte Simmering (Abdichtring)

Abb. 190. Der zwischen Wagenheber und Schleppervorderachse gelegte Holzklotz bildet eine sichere Verbindung und verhindert das Abrutschen des Schleppers.

Abb. 191. Bevor die Staubkappe abgenommen wird, ist die Umgebung gründlich zu reinigen. Die Staubkappe ist vor dem Aufsetzen mit einem neuen Dichtring zu versehen.

Abb. 192. Die abgenommene Radnabe mit den Kegellagern und dem Dichtring sind gründlich zu reinigen und gewissenhaft auf eventuelle Beschädigungen zu untersuchen.

Abb. 193. Hat man keinen passenden Abzieher zur Verfügung, kann das innere Kegellager auch mit Hilfe eines Meißels herausgeschlagen werden. Dabei ist darauf zu achten, daß der Lagerring mit Rollenkäfig nicht beschädigt wird.

Auf gewissenhafte Versplintung achten.

und die Gleitfläche auf dem Achstummel werden bei dieser Gelegenheit ebenfalls kontrolliert; Prüfen und Auswechseln von Simmeringen s. Seite 108. Vor dem Zusammenbau, welcher in umgekehrter Reihenfolge geschieht, ist der Schmiernippel noch auf seine Gängigkeit zu prüfen, und die Lager mit Nabe sind mit Mehrzweckfett zu versehen. Die Kronenmutter wird mit einem Ringschlüssel handfest, besser aber mit einem Drehmomentschlüssel mit ca. 15 N (1–2 mkp) angezogen und wieder etwa 1/6 Umdrehung gelöst. Dadurch ergibt sich das vorgeschriebene Radlagerspiel. Das Rad muß sich bei einem leichten Schub mit der Hand frei durchdrehen, darf aber nur ein geringes Spiel zeigen.

Die Staubkappe wird noch zusätzlich mit Mehrzweckfett gefüllt und aufgesteckt.

5.1.2 Wellendichtringe

Schaltgetriebe, Antriebswellen und Radlager, die im Ölbad oder in Fett laufen, werden mittels Dichtringen (Simmeringe) abgedichtet. Durch Alterung und Verschmutzung härten die Dichtlippen aus oder nützen sich ab. Dies zeigt sich durch Austreten von Öl bzw. Fett an der Lagerstelle. Beschädigte Dichtringe sind bei dieser Feststellung, um weitere Schäden von Lagern und Wellen zu vermeiden, schnellstens gegen neue auszutauschen.

Der Ausbau von beschädigten Dichtringen erfolgt entweder mit einem Schraubenzieher oder ähnlichem spitzen Werkzeug von außen oder mit einem im Durchmesser passenden Rohr von innen. Im letzteren Fall wird der Ring herausgeschlagen. Beim Einpressen der neuen Dichtringe sind die Dichtlippen mit Öl zu benetzen, damit diese leicht gleiten und während des Betriebes durch Erwärmung nicht vorzeitig verhärten, sondern geschmeidig und anpassungsfähig bleiben. Beim Einbau ist weiter darauf zu achten, daß die in der Dichtlippe eingesetzte Feder nicht beschädigt wird. Filz- oder Gummirundringe werden in der Regel eingelegt bzw. aufgezogen; auch diese sollten, damit sie beim Einbau leicht gleiten, mit Schmiermittel benetzt werden.

Abb. 194. Auf vorgeschriebenes Lagerspiel achten.
Abb. 195. Querversplintung.
Abb. 196. Längsversplintung.

5.2 Gelenkwellen

Für den betriebs- und unfallsicheren Einsatz von Gelenkwellen ist eine gewissenhafte Auswahl erforderlich. Je nach Anwendungsbereich und notwendiger Kraftübertragung muß die richtige Gelenkwelle gewählt werden. Dabei ist vor allem auf die Abwinkelung zu achten. Vor dem ersten Einsatz ist die Gelenkwelle in ihrer Länge genau an die Maschine und an den Schlepper anzupassen. Dabei müssen die Gelenkwellenprofilrohre, nachdem der Schlepper mit angehängter Maschine voll nach beiden Seiten eingeschlagen wurde, noch mindestens 150–200 mm ineinandergreifen. Die beiden Rohrenden dürfen auf keinen Fall gegen die Kreuzgelenke stoßen. Das prüft man, indem die zwei Gelenkwellenrohre vor dem Zusammenschieben nebeneinander gehalten werden.

5.2.1 Anpassen und Anbau einer Gelenkwelle

Die Sicherung der Gelenkwelle muß beim Aufschieben auf den Zapfwellenstummel hörbar einrasten. Dabei ist auf sichere Verankerung durch die Kette besonderer Wert zu legen. Bei normalen Gelenkwellen ist in erster Linie die maximale Gelenkabwinkelung zu berücksichtigen. Sie soll 30° von der Mitte ausgehend nach allen Seiten nicht überschreiten.
Für Geräte oder Maschinen, die in engem Schwenkbereich betrieben werden müssen, nur Weitwinkelgelenkwellen benützen. Die Kontrolle des Schwenkbereiches ist unerläßlich! (Abb. Seite 110).

Abb. 197. Einlauf „A" durch beschädigten Dichtring.
Abb. 198. Ausbau des beschädigten Dichtringes.
Abb. 199. Abwinkelung von 30° bei normalen Gelenkwellen.

5.2.2 Vermeidbare Beschädigungen während des Betriebes an Profilrohren und Kreuzgelenken

Beim Anhängen der Maschine ist die Ackerschiene grundsätzlich zu arretieren oder gegebenenfalls abzubauen (Abb. s. S. 110).
Hängt das Gerät in der Dreipunktaufhängung, können Beschädigungen nur durch Höherhängen oder Wegnehmen des Zugmaules vermieden werden (Abb. s. S. 110).
Beim Wenden oder Kurvenfahren ist zu beachten, daß die Gelenkwelle nicht am Reifen ansteht.

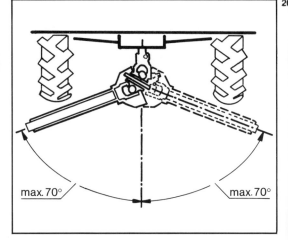

Abb. 200. Müssen Maschinen im engen Schwenkbereich angetrieben werden, dann sind aus Gründen der Betriebs- und Unfallsicherheit nur Weitwinkelgelenkwellen zu montieren.

Abb. 201. Die Weitwinkelgelenkwelle ermöglicht während des Einsatzes einen Schwenkbereich nach links und rechts von maximal 70°.

Abb. 202. Wird die Ackerschiene nicht abgebaut oder arretiert, kann dies bei Unachtsamkeiten zu schweren Beschädigungen von Maschine und Gelenkwelle führen.

Abb. 203. Zu nieder angebaute Anhängevorrichtungen führen beim Ausheben von angebauten Arbeitsgeräten ebenfalls zur Beschädigung der Gelenkwelle.

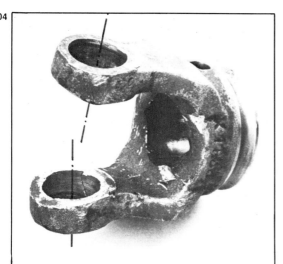

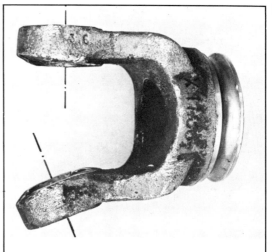

Verdrehen durch Überschreiten des zulässigen Drehmoments

Ursache:
Überlastung – Zu hartes Betätigen der Schlepperkupplung – Gelenkwelle zu schwach

Kennzeichen:
Achsversatz

Abhilfe:
Langsames Einkuppeln – gegebenenfalls Wahl einer stärkeren Gelenkwelle

Stauchen der Gelenkwelle beim Einbiegen

Ursache:
Schieberohre zu lang – Durch Schub biegt sich der Gelenkgabelschenkel auf

Kennzeichen:
Aufgebogener oder abgebrochener Schenkel

Abhilfe:
Profilrohre verkürzen bzw. Abstand zwischen Schlepper und Maschine vergrößern.

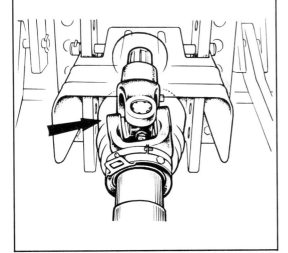

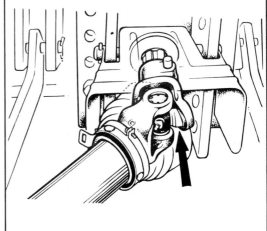

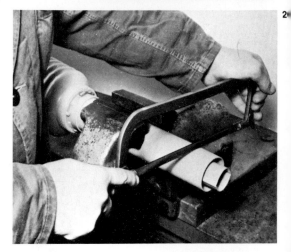

Überziehen des zulässigen Gelenkbeugewinkels

Ursache:
Ungünstige Gelenkwellen-
anordnung – Zapfwelle
beim scharfen Einbiegen
nicht abgeschaltet

Kennzeichen:
Einkerbung und Druck-
stellen an den Schenkeln

Abhilfe:
Möglichen Gelenkwellen-
winkel prüfen und Anord-
nung verbessern. Vorsicht
bei der Bedienung

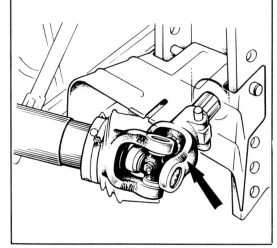

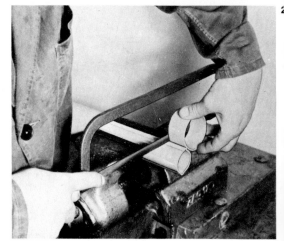

5.2.3 Kürzen einer Glenkwelle

Da die Profilrohre eine sehr hohe Festigkeit haben, ist es ratsam, mit einem Winkelschleifer und der Trennscheibe oder einem HSS-Sägeblatt zu arbeiten; dabei langsam sägen.
Zur Längenanpassung die Gelenkwellenhälften nebeneinander halten und anzeichnen (Abb. 207). Unfallschutzrohre an gezeichneter Stelle absägen (Abb. 208). Schiebeprofilrohre im gleichen Maß wie Schutzrohre kürzen (Abb. 209). Anschließend muß der Trenngrat mit einer Feile entfernt und die Gelenkwelle gesäubert werden (Abb. 210).

Einmal im Jahr sollte man die komplette Gelenkwelle gründlich reinigen, die Lager und Profilrohre von dem verbrauchten Fett befreien und wieder mit neuem Mehrzweckfett versorgen. Zu dieser Arbeit muß das Schutzrohr abgenommen und zerlegt werden. Sind an den Kreuzgelenken keine Schmiernippel angebracht, haben diese Dauerschmierlager und brauchen nicht abgeschmiert werden.

5.2.4 Demontage und Montage des kompletten Unfallschutzes

Nach dem Herausdrücken des Sperringes kann die Schutzhälfte von der Gelenkwelle abgezogen werden (Abb. 211 und 212).
Erwärmt man den Schutztrichter in heißem Wasser, wird diese Arbeit erleichtert.
Mit einem Schraubenzieher biegt man nun den Kunststoffhaken hoch und nimmt das Lagerelement heraus (Abb. 213).
Das gereinigte Lagerelement wird mit frischem Mehrzweckfett versehen und in die ebenfalls gereinigte Lagerschale eingelegt (Abb. 214).
Beim Einlegen des Sperringes ist darauf zu achten, daß die Ersatzteilnummer nach außen zeigt. Ring nur bis zur ersten Raste eindrücken (Abb. 215). Wird der Schutztrichter wieder in heißem Wasser erwärmt, läßt er sich mühelos aufziehen.
Vor dem Einstecken der Gelenkwellenhälfte in das Schutzrohr sind die Profilrohre einzufetten (Abb. 216).
Mit dem aufgeschobenen Schutzrohr preßt man nun durch erhöhten Axialdruck den Sperring in die zweite Raste (Abb. 217).
Während des Einsatzes ist die Gelenkwelle in regelmäßigen Abständen auf ihre Funktionsfähigkeit zu überprüfen und nach dem Wartungsplan

210

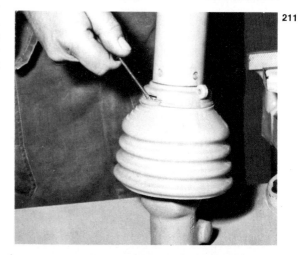

211

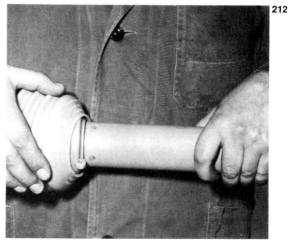

212

213

214
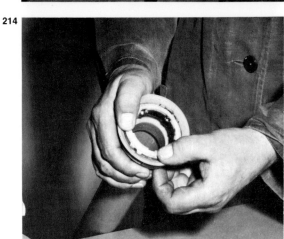

215
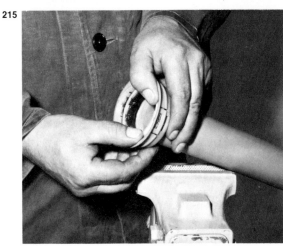

216
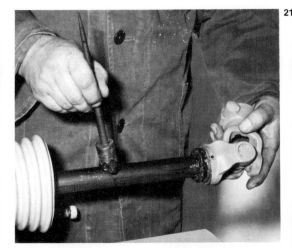

217
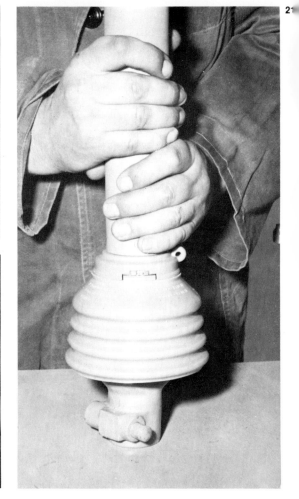

mit Mehrzweckfett abzuschmieren. Mehrmals einige Tropfen Öl auf den Schiebestift der Gelenkwellensicherung gegeben, erleichtern das Aufstecken der Gelenkwelle auf den Zapfwellenstummel (Abb. 218).

Besonders vor dem Stillsetzen die Gelenkwelle nochmals gründlich abschmieren.

Beim Abschmieren der Kreuzgelenke muß das Fett sichtbar austreten.
Das äußere Schieberohr wird innen eingefettet (Abb. 219).

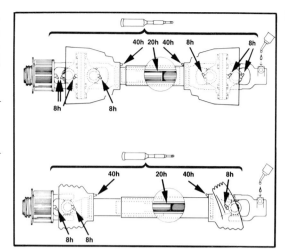

5.2.5 Montageanleitung für Kreuzgelenke mit Nadellager

Bevor man mit der Reparatur einer Gelenkwelle beginnt, sind Arbeitsplatz und Gelenkwelle gründlich zu säubern. Die Reparatur kann nur mit dem notwendigen Spezialwerkzeug durchgeführt werden.
Der Sicherungsring wird mit einer Spitz- oder Seggerringzange gelöst und herausgenommen (Abb. 220). Ist der Sicherungsring an der Kreuzgelenkinnenseite montiert, hilft man sich mit einem Schraubenzieher.
Das Gabelstück wird im Schraubstock aufgelegt und die Lagerbüchse durch leichte, gezielte Hammerschläge hochgetrieben (Abb. 221). Die gelöste Lagerbüchse wird vorsichtig in den Schraubstock gespannt und durch leichte Schläge auf die Gabel herausgezogen; lose Dichtungen abnehmen (Abb. 222).
Die andere Hälfte wird auf dieselbe Art demontiert. Damit die Gelenkbolzen nicht beschädigt werden können, muß man als Unterlage zwei Leichtmetall- oder Messingbacken verwenden (Abb. 223).
Lagernadeln mit Fett in die gereinigten Lagerbüchsen einsetzen, um das Kippen der Nadeln zu verhindern (Abb. 224).
Gelenkkreuz in die Gabel setzen und mit einem Kreuzzapfen beim Einschlagen der Büchsen die Lagernadeln führen (Abb. 225).
Die Lagerbüchsen soweit einschlagen, bis Ringnut für Sicherungsring voll sichtbar wird (Abb. 226). Beim Einführen der zweiten Gabel darauf achten, daß der Schmiernippel eine günstige Lage hat.

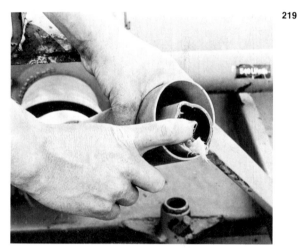

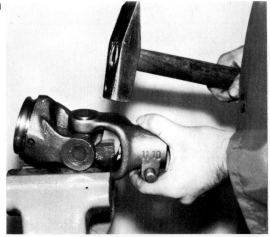

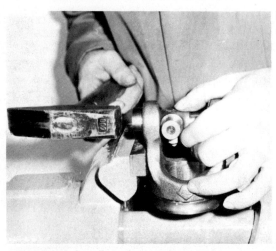

Lagerbüchsen wieder gewissenhaft sichern und Gelenk abschmieren (Abb. 227).

5.2.6 Montage von Profilrohren

Verbogene oder beschädigte Profilrohre nur gegen solche gleicher Güte auswechseln. Profilrohre können in Meterware bezogen und somit auf Lager gehalten werden.
Der Schwerspannstift wird mit einem Splintentreiber aus dem Kreuzgelenk geschlagen (Abb. 228).
Mit Sonderwerkzeug SW 10 oder durch Schläge mit einem kräftigen Rundstahl auf den Gabelschenkel das Gelenk vom Profilrohr treiben (Abb. 229).
Gelenk auf das in die Länge zugeschnittene und entgratete Profilrohr aufschlagen. Auf guten Sitz achten! (Abb. 230).
Zur Sicherung grundsätzlich neue oder frisch aufgetriebene Hohlstifte verwenden (Abb. 231).

5.2.7 Montage des Weitwinkelgelenkes

Mit Gabel- oder Ringschlüssel Gelenk auseinanderschrauben. Zuerst an der Flanschgabel Sicherungsringe und Lagerbüchsen ausbauen (Abb. 232).
Gabel auflegen und Lagerbüchse durch leichte Schläge austreiben (Abb. 233).
Beim Zusammenbau zuerst Gelenkkreuz in Gabel mit Brücke einsetzen (Abb. 234).
Lagerbüchsen und Sicherungsringe montieren. Nadellager einfetten, damit sie bei der Montage nicht verkanten (Abb. 235).
Die Flanschgabel wird auf dieselbe Art montiert (Abb. 236). Gefettete Gleitscheibe in Flanschaussparungen legen und Führungsscheibe mit gefetteter Bohrung auf die Kugeln setzen.
Gelenkhälften spiegelbildlich zusammenschrauben (Abb. 237).

5.2.8 Montage der Nockenratsche

Nachdem der Hohlstift mit einem passenden Splintentreiber aus dem Gelenk getrieben ist, wird das Gelenk von der Nockenwelle herunter geschlagen (Abb. 238).
Beim Abnehmen der Buchse ist auf herausfallende Kugeln zu achten (Abb. 239).
Mit leichten Schlägen wird die Nockenwelle aus dem Profilrohr getrieben. Die federbelasteten Nocken fängt man durch einen Putzlappen ab (Abb. 240).

227

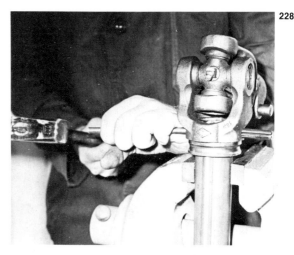

228

229

230

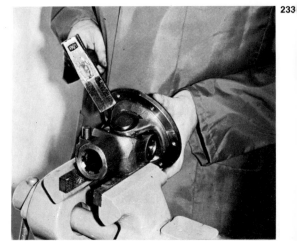

233

231

234

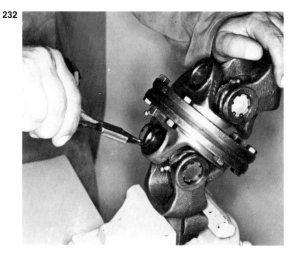

232

235

119

241

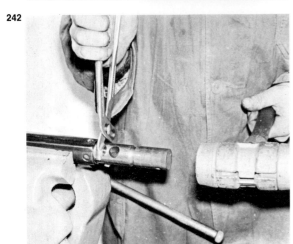

242

243

Bei der Montage werden die Nocken und Federn mit Fett eingesetzt. Gebrochene oder lahme Federn nur durch Originalersatzteile erneuern (Abb. 241).
Die Nocken mit einer Zange spannen und die eingefettete Nockenwelle in das Profilrohr einpressen (Abb. 242).
Kugeln, Buchse und Gelenk montieren. Nockenratsche durchdrehen und auf Funktionssicherheit prüfen (Abb. 243).

5.2.9 Montage der Sternratsche

Nachdem der obere Sicherungsring entfernt ist, läßt sich der Ziehverschluß ausheben (Abb. 244). Der nun frei gewordene zweite Sicherungsring wird ebenfalls herausgenommen und zunächst die Druck-, dann erst Dicht- und Anlagescheibe ausgehoben (Reihenfolge!) (Abb. 245).
Mit dem Spezialwerkzeug SW 03 demontiert man die Nabe (Abb. 246).
Die frei werdenden unter Federspannung stehenden Nocken werden mit einem Lappen abgefangen. Hat man das Spezialwerkzeug nicht zur Hand, kann das Kupplungsgehäuse durch leichte Schläge gelöst werden (Abb. 247).
Nach gründlicher Reinigung und Schmierung aller Teile bzw. Austausch der defekten Teile werden die Nocken mit Druckfedern reihenweise in die Nabe eingesetzt. Dazu ist das Sonderwerkzeug SW 04 notwendig (Abb. 248).
Mit einem passenden Rohr wird die Nabe soweit in das Profilrohr getrieben, bis das Klemmwerkzeug SW 04 frei ist (Abb. 249).
Als letztes werden die Anlage-, Dicht- und Druckscheiben mit dem Sicherungsring eingesetzt. Mit dem Aufstecken des Ziehverschlusses und dessen Absicherung ist die Montage beendet. Die Sternratsche muß auf ihre Funktionssicherheit geprüft werden! (Abb. 250).

5.2.10 Montage einer Scheibenkupplung

Ziehverschluß nach dem Ausbau des Sicherungsringes demontieren (Abb. 251).
Bei Kupplungen ohne Stiftschrauben muß man M 8 Schrauben mit 35 mm Gewindelänge und Sechskantmuttern einsetzen. Die Stiftschraube mit einem Gabelschlüssel anhalten, dabei die Mutter mit dem Ringschlüssel so weit nach unten schrauben, bis die Druckscheibe mit Tellerfedern ver-

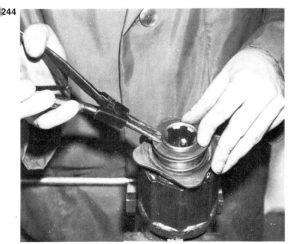
244

246

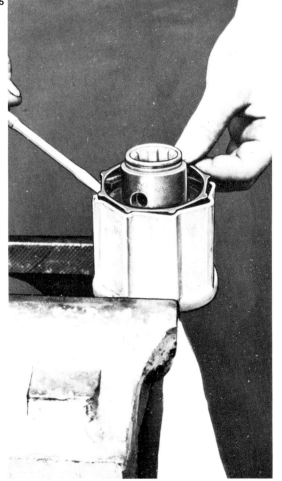
245

247

248

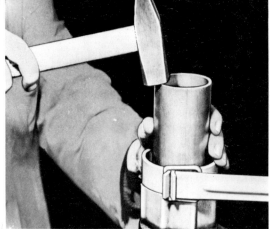

249

252

250

253

251

spannt ist (Abb. 252). Bei Kupplungen mit Stiftschrauben müssen durch das Anziehen der Sechskantmuttern die Tellerfedern mit der Druckscheibe verspannt werden (Abb. 253).
Entlastete Seitenstege mit Sonderwerkzeug SW 18 oder Zange aufbiegen (Abb. 254). Nach Abheben der Tellerfedern und der Druckscheibe werden die Reibscheiben frei (Abb. 255).
Bei der Montage Einzelteile in Kupplungsgehäuse legen, Tellerfeder und Druckscheibe miteinander verspannen (Abb. 256).
Bei einer Tellerfeder die breiten Stege; bei 2 Tellerfedern die schmalen Stege mit dem Sonderwerkzeug SW 18 oder einer Rohrzange gleichmäßig nach innen biegen. Sechskantmuttern bis zum Gewindeauslauf zurückdrehen und Ziehverschluß wieder montieren (Abb. 257).

257

258

259

260

261

5.3 Wartung und Reparatur von Rollenketten

Die Häufigkeit der Wartung hängt von den Betriebsverhältnissen ab. Unter normalen Bedingungen ist eine Reinigung und Schmierung etwa alle 4–6 Monate, mindestens aber jährlich zweimal zu empfehlen. Bei Ketten von Erntemaschinen, die einer sehr starken Staubeinwirkung ausgesetzt sind, ist eine häufigere Reinigung notwendig.
Zur Reinigung müssen Rollenketten abgenommen werden. Die mit Benzin oder Dieselkraftstoff gereinigte Kette legt man anschließend in flüssiges Kettenfett. Dadurch wird eine intensive Einwirkung des Schmiermittels in die sich drehenden Teile gewährleistet. Sollen Ketten während des Betriebes geölt werden, ohne sie abzunehmen, eignet sich der Kettenspezialschmierstoff „VP6-Kombi" mit dem breiten Wirkungsspektrum am besten (Abb. 262). Da dieses Schmiermittel wasserverdrängend wirkt, ist es auch bei Ketten, die der Feuchtigkeit ausgesetzt sind, wirksam und wird nicht abgeschleudert.

Ketten vor dem Einsprühen staubfrei machen.

Rollenketten, die Kunststoffhülsen als Lagerbuchsen haben, dürfen nicht in flüssiges Kettenfett gelegt werden. Sie sind in bestimmten Abständen mit Waschbenzin oder Kaltreiniger zu säubern und anschließend nur an den Gliederlaschen ein wenig einzuölen. Bei Ketten dieser Art kann es leicht passieren, daß beim Zusammenbau der Kette (Einstecken des Verbindungsgliedes) die Kunststoffhülsen herausgeschoben werden. Deshalb muß das

5.2.11 Montage eines Stiftfreilaufes

Nachdem mit einer Spitzzange (Außenseggeringzange) der Sicherungsring gelöst ist, kann man den Ziehverschluß abheben (Abb. 258). Ist der innere Sicherungsring entfernt, wird die Nabe in der Seitenlage aus dem Kupplungsgehäuse herausgezogen (Abb. 259). Zylinderrollen mit Druckfedern herausnehmen und prüfen (Abb. 260).
Mitnehmerscheibe ebenfalls aus dem Kupplungsgehäuse nehmen. Die Anlaufkurven kontrollieren; sie dürfen nicht ausgearbeitet sein. Die gereinigten und eingefetteten Teil in umgekehrter Reihenfolge wieder montieren (Abb. 261).

Freilauf auf Funktion prüfen.

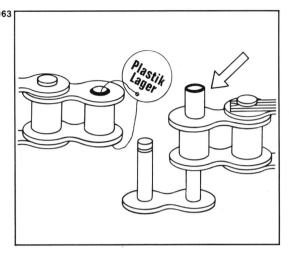

Zusammenfügen der Kette mit größter Sorgfalt vorgenommen werden (Abb. 263).
An neuen Rollenketten macht eine Plombe auf diese eingesteckten Kunststoffhülsen aufmerksam. Weitere Vorschriften für den laufenden Betrieb sind dem Schmierplan und der Bedienungsanleitung zu entnehmen. Bei der Montage von Rollenketten ist darauf zu achten, daß die Kettenräder genau fluchten. Das Fluchten der Kettenräder läßt sich mit Hilfe eines Lineals oder eines geraden Stückes Flachstahl auf einfache Weise prüfen (s. Seite 126). Vorhandene Spannräder sind in die Kontrolle mit einzubeziehen. Bei langsam laufenden Kettentrieben ist ein seitlicher Versatz der Kettenräder bis zu 0,2 mm je 100 mm Achsabstand noch zulässig, sofern nicht besondere Verhältnisse dagegen sprechen. Bei schnell laufenden Trieben ist die Toleranz geringer.

Versetzte Räder oder nicht parallele Achsen setzen die Lebensdauer herab.

Sie lösen seitliche Schwingungen aus und führen zum vorzeitige Verschleiß der Gelenke. Die Kettenspannung beeinflußt die Lebensdauer einer Kette sehr stark.

5.3.1 Spannen von Rollenketten

Die richtige Spannung sichert nicht nur den störungsfreien Antrieb, sondern verhindert vor allem den vorzeitigen Verschleiß durch Schlagen und Aufsteigen der Kette auf den Kettenrädern.

Erfolgt die Kettenspannung durch eine Spannrolle, ist darauf zu achten, daß diese in einer Linie mit der Kette verläuft (Abb. 264).
Da die Spannrolle wegen ihres kleinen Durchmessers meist eine hohe Umfangsgeschwindigkeit hat, ist regelmäßige Schmierung besonders wichtig. Haben die Lagerbolzen und die Buchse der Spannrolle zu viel Spiel, führt dies ebenfalls zum unrunden Lauf bzw. zum Schlagen der Kette. Bei dieser Feststellung muß das Kettenspannrad mit Lagerbolzen umgehend gegen ein neues Spannrad gleicher Zahnteilung ausgewechselt werden. Je nach Konstruktion und Maschinentype werden für die Spannung von Rollenketten auch Hartholzklötze verwendet. Bei einer Längung der Kette bzw. Abnutzung des Holzes ist die Stellschraube zu lösen und das Holz so weit nachzustellen, bis eine ausrei-

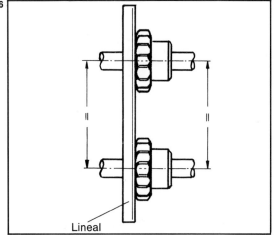

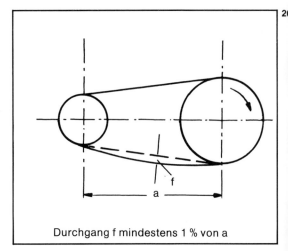

Durchgang f mindestens 1 % von a

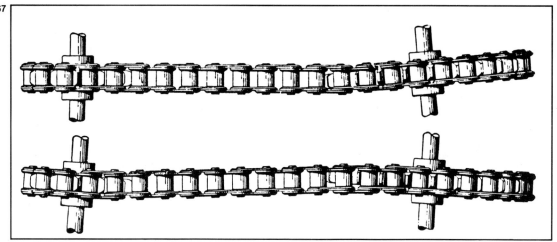

chende Spannung der Kette erzielt wird (Abb. 265).

Sind Spannklötze schon so weit abgenützt, daß ein Nachstellen nicht mehr zur erforderlichen Kettenspannung führt, müssen die Holzklötze, wenn möglich, umgedreht bzw. gegen neue ausgewechselt werden. Spannklötze sollte man immer im Ersatz haben. Ist dies einmal nicht der Fall, kann man diese im Notfall selbst anfertigen.

Aus einem Stück Hartholz (Buchen- oder Eschenholz) wird eine Leiste in den Abmessungen der Spannklötze geschnitten und die Klötze in der erforderlichen Länge abgesägt. Die fertigen Spannklötze sollten vor dem Einbau mehrere Stunden in Ablaßöl gelegt werden, damit sie sich vollsaugen. Der zusätzliche Schmiereffekt verringert die Reibungswärme zwischen Kette und Holz, was die Standzeit der Spannklötze und die Lebensdauer der Kette erhöht.

5.3.2 Montage

Die Wellen müssen unbedingt parallel zueinander liegen. Die Flucht der Kettenräder prüft man mit einem Lineal (Abb. 266).

Laufen die Kettenräder nicht in einer Richtung oder stehen die Wellen nicht parallel zueinander, wird das zum Einlauf der Kettenlaschen führen (Abb. 267).

Kette nach kurzem Lauf kontrollieren und gegebenenfalls nachspannen.

Kurze Ketten mit gleichbleibendem Achsabstand sollen sich nach dem Einlaufen nicht mehr als 5 mm, Ketten mit größerem Achsabstand höch-

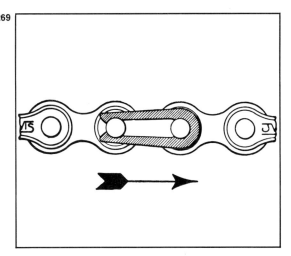

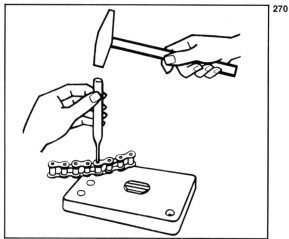

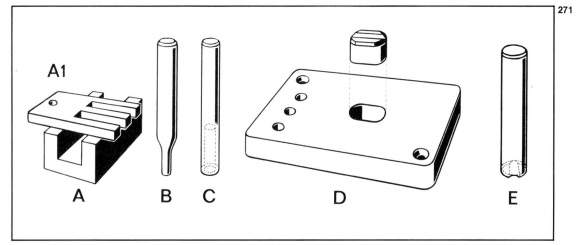

stens bis zu einer Fingerbreite durchdrücken lassen. Da sich durch Dehnung ein Durchhang nicht vermeiden läßt, muß die Rollenkette von Zeit zu Zeit nachgespannt werden (Abb. 268).
Der Federverschluß des Steckgliedes muß richtig in die Nute des Nietstiftes einrasten und mit ihrer geschlossenen Seite in die Laufrichtung zeigen (Abb. 269).

5.3.3 Reparatur

Notwendige Spezialwerkzeuge, z.T. für mehrere Kettenabmessungen verwendbar (Abb. 270).
Vorstehenden Nietkopf in die Buchse einstecken und Niet herausschlagen (Abb. 271).
Kette in die Gabel schieben, Niet mit dem Ham-

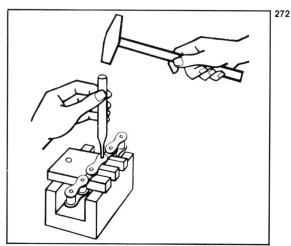

127

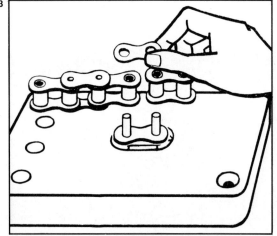

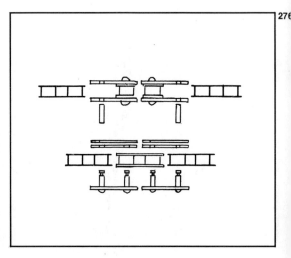

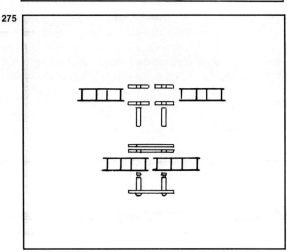

mer lösen und mit dem Durchschlag ganz herausschlagen (Abb. 272).
Stiftbock und Außenlasche sind mit den Kettenenden zusammenzufügen (Abb. 273). Lasche mit Laschendrücker so weit nachschlagen, daß die Glieder noch leicht beweglich sind; danach Vernieten der Kette mit dem Nietenkopfmacher (Abb. 274). Bei gebrochenen Außenlaschen entfernt man das defekte Glied und setzt dafür ein Steckglied ein (Abb. 275). Ist ein Innenglied oder eine Rolle beschädigt, so müssen drei Glieder entfernt und durch ein Innenglied mit zwei Steckgliedern ersetzt werden (Abb. 276).

5.3.4 Verkürzen um ein Glied

Bei gerader Gliederzahl:

Muß eine Kette mit gerader Gliederzahl um ein Glied verkürzt werden, nimmt man 2 Innen- und 2 Außenglieder neben dem Steckglied heraus und fügt ein gekröpftes Doppelglied zusammen mit einem weiteren Steckglied ein (Abb. 277).

Bei ungerader Gliederzahl:

Eine Kette mit ungerader Gliederzahl verkürzt man um ein Glied durch Ausbau des gekröpften Gliedes (Abb. 278).

5.3.5 Verlängern um ein Glied

Bei gerader Gliederzahl:

Eine Kette mit gerader Gliederzahl verlängert man um ein Glied, indem man ein Innenglied und ein Außenglied entfernt und ein gekröpftes Doppel-

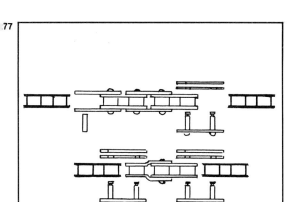

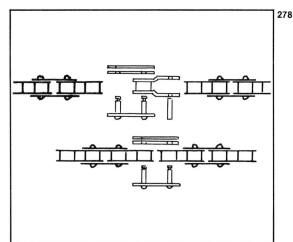

glied mit einem weiteren Steckglied eingesetzt (Abb. 279).

Bei ungerader Gliederzahl:

Eine Kette mit ungerader Gliederzahl verlängert man um ein Glied, indem man das gekröpfte Glied herausnimmt und ein Innenglied mit einem weiteren Steckglied eingesetzt (Abb. 280).

5.4 Antriebsriemen

In den ersten Betriebsstunden dehen und längen sich Riemen je nach Beschaffenheit sehr unterschiedlich. Es ist deshalb sehr wichtig, die Spannung während der Einlaufzeit (erste 20–30 Betriebsstunden) des öfteren zu kontrollieren und, wenn nötig, nachzuspannen. Keilriemen üblicher Länge, wie z.B. beim Lüfter oder Lichtmaschinenantrieb, dürfen sich nur bis zu einer Daumenbreite (ca. 15 mm) durchdrücken lassen (s. Seite 18). Als Spannvorrichtung dienen Scheren oder Rollen, die verstellbar angeordnet sind. Bei Spannrollen ist besonders auf ihre Leichtgängigkeit zu achten (Abb. 281).

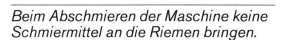

Beim Abschmieren der Maschine keine Schmiermittel an die Riemen bringen.

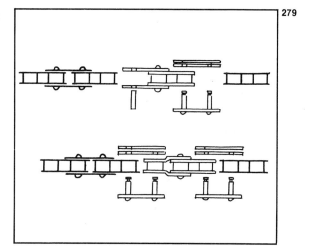

Verölte bzw. stark verschmutzte Leder-, Gummi- oder Kunststoffantriebsriemen sind abzunehmen und mit Tetrachlorkohlenstoff oder P3-Lösung zu reinigen. Dabei die Riemen nicht in das Reinigungsmittel legen, sondern mit einem mit dem Mittel getränkten Lappen oder einer Bürste den

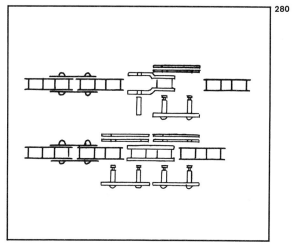

281

282

Schmutz entfernen. Der Riemen muß vor dem Wiederauflegen vollkommen trocken sein.

Zum Auflegen keine spitzen oder scharfkantigen Werkzeuge zu Hilfe nehmen.

Beim Auflegen von Keilriemen sind die Spannrollen zu lösen. Niemals darf ein Riemen mit Gewalt über den Rand der Antriebsscheibe gezogen werden (Abb. 282). Verschiedene Spezialriemen haben zur Verstärkung Stahleinlagen. Antriebsriemen dieser Art dürfen nicht mit Gewalt abgenommen bzw. aufgelegt werden, da sie sich nur wenig dehnen und dadurch Schaden leiden können.
Bei der Demontage ist die Spannrolle zu lösen und der Riemen mit der abgeschraubten Antriebsscheibe abzunehmen. Ist die Antriebsscheibe zweiteilig, wird diese zum Abnehmen des Keilriemens auseinandergeschraubt.
Vor dem Auflegen von Keilriemen sollte man den Zustand der Keilrillen auf den Scheiben kontrollieren. Scharfe Kanten oder Beschädigungen an den Laufflächen führen zum Ausfransen der Leinwanddecklage. Sind die Scheibenräder schadhaft, so können sie mit einer Schlichtfeile oder anderen dafür geeigneten Hilfsmitteln nachgearbeitet werden. Bei geringer Abfaserung der Riemenoberfläche kann dieser noch weiter benutzt werden. Es ist aber ratsam, die Abfaserung abzuschneiden. Vor dem Wiederauflegen der Keilriemen sind die beiden Keilriemenscheiben auf ihr genaues Fluchten gewissenhaft zu prüfen. Ein langes Lineal oder gerades Stück Eisen wird dazu verwendet wie bei Rollenketten (s. Seite 126).
Oft führen ausgelaufene Lager oder verbogene Befestigungen zum Schräglauf der Wellen mit Riemenscheiben. In diesem Fall sind vor dem Ausfluchten der Scheiben mit Wellen und dem Auflegen des Riemens die Lager mit Befestigung in Ordnung zu bringen.
Verschiedene Antriebsriemen, vor allem Flachriemen, müssen beim Überwintern der Maschine in gespanntem Zustand montiert bleiben. Sie würden sich im entspannten Zustand in ihrer Länge verkürzen. Das trifft vor allem bei Antriebsriemen an Mähdreschern zu.
Müssen Antriebsriemen ausgewechselt werden, sind nur Riemen der gleichen Dimension und vom gleichen Material zu verwenden, damit eine einwandfreie Kraftübertragung gewährleistet ist.

6 Das elektrische Lichtbogenschweißen

6.1 Wahl eines Schweißgerätes

Während im Handwerk überwiegend Umformer und Gleichrichter eingesetzt werden, kommt für die Reparaturschweißung in der Landwirtschaft nur ein Schweißtransformator in Frage. Die Anschaffungskosten sind wesentlich geringer, und das Gerät ist handlicher.

Es gibt Kleinschweißtransformatoren, die nur mit Lichtstrom (220-Volt-Schukoanschluß) betrieben werden können. Aus Gründen der größeren Einsatzmöglichkeiten sollte man ein Gerät wählen, welches Licht- und Kraftanschluß (220 V bzw. 380 V) hat. Es ist darauf zu achten, daß bereits beide Anschlußkabel installiert sind. Abzuraten ist von Geräten, die nur einen Netzanschluß (380 V) haben und geräteseitig von 380 V auf 220 V umgesteckt werden müssen. Dabei kann es sehr leicht durch falsche Handhabung und schadhafte Kontakte zu Störungen am Trafo bzw. zu Unfällen kommen.

Da die verschiedenen Schweißtransformatoren in ihren Leistungen sehr unterschiedlich sind, ist es wichtig, sie anhand des Typenschildes beurteilen zu können. Aus dem Typenschild des Schweißgerätes kann man die wichtigsten Daten entnehmen:
a) Herstellerfirma
b) Typ und Gerätenummer
c) zulässige maximale Leerlaufspannung von 70 V
d) vorgeschriebene Schutzart P 21
e) Isolierstoffklasse „E oder F"
f) Kühlart „S"
g) Wirkungsgrad bzw. Leistungsfaktor „cos φ", z. B. 0,8

zu c): Geräte mit einer Leerlaufspannung von maximal 70 V dürfen nur für den Normalschweißbetrieb verwendet werden. Hat das Gerät den Vermerk „für Kesselschweißbetrieb zugelassen" oder nur eine Höchstleerlaufspannung von 42 V, dann ist der Trafo für Arbeiten im Behälter und in engen Räumen zugelassen (Gerät ist unfallsicher).

zu d): Bei Kleinschweißtransformatoren muß die Schutzart P 21 sein. Das bedeutet – Schutz gegen Berührung mit den bloßen Händen und mittelgroßen Gegenständen (über 8 mm) sowie Schutz gegen Tropfwasser.

$$\underbrace{P\ 21}_{\text{Berührungsschutz}\quad\text{Wasserschutz}}$$

Je höher die Zahl, umso größer der Unfallschutz des Gerätes.

zu e): Die Isolierstoffklasse bezieht sich auf die Wärmebelastbarkeit.
Es bedeutet:
„E" maximale Wärmeaufnahme 393 °K (+120 °C)
„F" maximale Wärmeaufnahme 428 °K (+155 °C)

zu f): Die Kühlart „S" bedeutet Selbstkühlung ohne Gebläse- oder Lüftermotor. Da sich die Wicklungen des Trafors umso höher erwärmen, je größer die eingestellte Schweißstromstärke ist, muß die zulässige Schweißzeit begrenzt werden, um Überhitzung zu vermeiden. Der Hersteller gibt deshalb für verschiedene Stromstärken die Einschaltdauer ED in % an. Man versteht darunter das Verhältnis von der Laufzeit des Gerätes zur Schweißzeit. Für einen Rhythmus von 5 Minuten heißt dies:

Einschaltdauer	Schweißzeit	Wartezeit
20% ED	1 min	4 min
40% ED	2 min	3 min
60% ED	3 min	2 min
80% ED	4 min	1 min
100% ED	Dauerbetrieb (DB)	

Beim Handschweißbetrieb (HSB) wird die Wartezeit durch Auswechseln einer neuen Elektrode, Entfernen von Schlacke, Säubern der Schweißnaht und anderen Vorbereitungen bedingt.

Bei manchen Arbeiten läßt sich eine überhöhte Erwärmung nicht vermeiden. Die Isolierstoffe mit den Wicklungen würden in diesem Falle Schaden leiden. Deshalb sind neuere Geräte aus Gründen der Sicherheit mit einem Bimetall-Schalter und einer damit gekoppelten Kontrolleuchte ausgestattet. Tritt eine Überhitzung auf, schaltet der Bimetall-Schalter das Gerät ab, wobei die Kontrolleuchte ebenfalls erlischt. Nach einer Zwangspause schaltet sich das Gerät wieder selbsttätig ein, was man am Aufleuchten der Kontrolleuchte erkennt. Die Erwärmung des Gerätes verringert seinen Wirkungsgrad.

zu g): Auf dem Typenschild wird die Leistung des Trafos mit dem Leistungsfaktor cosinus phi (cos. φ) angegeben. Es ist ein Wert, der je nach Geräteausführung zwischen 0,5 und 0,9 liegen kann. Bei Kleinschweißtransformatoren soll der Wirkungsgrad mindestens 0,7–0,9 sein. Daraus ersieht man, daß ein Trafo nicht 100% seines aufgenommenen Stromes abgibt. Man spricht in diesem Fall von der Eingangs- oder Scheinleistung und der Ausgangs- oder Wirkleistung. Die Scheinleistung wird in Volt-Ampere (VA) oder Kilo-Volt-Ampere (KVA) und die Wirkleistung in Watt (W) oder Kilo-Watt (KW) angegeben.

Die Wirk- oder tatsächliche Leistung errechnet sich in jedem Schweißbereich aus dem jeweils angegebenen Wirkungsgrad.

Beispiel:
Scheinleistung – 4,0 KVA
Wirkungsgrad – 0,8
0,8 × 4,0 KVA = 3,2 KW – Wirkleistung

Beim Kauf ist ferner darauf zu achten, daß das Gerät den Richtlinien des VDE (Verein Deutscher Elektrotechniker) entspricht. Ist das VDE-Zeichen aus dem Typenschild oder dem Prospekt nicht ersichtlich, sollte man sich beim Kauf eine schriftliche Zusicherung machen lassen, daß das Gerät VDE-geprüft ist.

Im allgemeinen werden bei der Reparaturschweißung Elektroden zwischen 1,5 und 4,0 mm Durchmesser verarbeitet. Deshalb soll die Stromstärke zwischen 40–180 Ampere einstellbar sein. Je feinstufiger das möglich ist, um so besser kann man sich den zu verschweißenden Elektroden und dem Material anpassen. Als Faustregel gilt – pro mm Elektrodenkerndurchmesser 40 Ampere ±10% für Ummantelung.

Beispiel:
Eine 2,5 mm dicke Elektrode benötigt zur einwandfreien Schweißung ca. 100 A (2,5 × 40 A = 100 A).

Der Elektrodendurchmesser richtet sich immer nach der Dicke des zu verschweißenden Materials. Weiterhin ermöglichen Geräte mit einem hohen Einstellbereich auch ein Durchbrennen (Trennen) von Stählen bis zu etwa 15 mm Dicke.

6.2 Schweißplatzausrüstung mit Zubehör

Eine ordnungsgemäße Schweißplatzausrüstung ist die Voraussetzung für unfallsicheres und fachmännisches „Schweißen".

Sie muß bestehen aus:

a) Elektrodenhalter mit hitzebeständigen Isolierschalen,
b) Schutzschild mit Farbglas DIN 9 A,
c) Schweißkabel aus Kupfer (Länge ca. 3–5 m, Kabelquerschnitt ca. 50 mm),
d) Massekabel mit Schraubzwinge oder Magnethalter,
e) Schlackenhammer,
f) Stahlbürste.

Außerdem benötigt man:

– eine Schutzbrille mit klaren Gläsern und seitlichen Abdeckungen zum Schutz gegen abspringende Schlacke beim Säubern der Schweißnähte;
– hitzefeste und funkensichere Lederstülphandschuhe, die auch bei Nässe noch vollen Isolierschutz bieten;
– eine Lederschürze, die den Körper vor schädlichen Strahlen schützt.

6.3 Schweißstromanschluß und Absicherung

Unvorschriftsmäßige Schweißgeräte (meist nicht VDE-geprüft) und fehlerhafte Elektroanlagen führen oft zu folgeschweren Unfällen.

Beachte deshalb folgende Maßnahmen:

a) Zur Absicherung nur träge Sicherungen in der vorgeschriebenen Amperezahl verwenden.
b) Flicke keine Sicherung.
c) Verwende nur einwandfreie Schweißkabel.
d) Bei Verwendung von Verlängerungskabel auf

Kabeltrommeln ist das Kabel restlos abzuwickeln.
e) Bei Kurzschlüssen am Gerät oder den elektr. Anschlüssen nicht selbst herumbasteln.
f) Bei Reparaturen am Elektrodenhalter oder der Masseklemme – Gerätestecker herausziehen.
g) Bei längeren Schweißunterbrechungen – Gerätestecker vom Netz trennen.
h) Angeschmorte bzw. angescheuerte Schweißkabel sofort unfallsicher abisolieren.
i) Stromkabel mit beschädigter Isolierung müssen erneuert werden.

6.4 Die Technik der Handschweißung

Die wichtigsten Voraussetzungen für eine fehlerfreie Schweißung sind das Erkennen und das Vorbereiten des zu schweißenden Materials.

6.4.1 Material-Erkennen

Wir unterscheiden zwischen Eisen- und Nichtmetallen. Die Funken-, Feil- oder Bruchprobe gibt am sichersten Aufschluß über die Art und Zusammensetzung des Materials. Unter Eisenmetallen versteht man sämtliche Baustähle, wie z. B. Flach-, Winkel-, Rundstähle usw., sowie alle unlegierten und legierten Stähle und die verschiedensten Gußarten. Am Funkenbild erkennt der Metallfachmann die Zusammensetzung und die Güte des Eisenmetalles. Der Laie muß sich meist mit der Feilprobe begnügen. Macht man diese z. B. an einem vergüteten oder gehärteten Werkzeugstahl (Meißel oder Pflugschar), so zeigt sich, daß die Feile nicht angreift, sie rutscht ab.
Alle Bau- und Profilstähle sind mit Bohrer, Feile oder Meißel bearbeitbar, haben also eine geringere Festigkeit. Daraus kann geschlossen werden, daß man je nach Zusammensetzung des Materials verschiedene Elektroden verwenden muß.
Die Nichteisenmetalle sind Kupfer, Zinn, Zink, Blei und die daraus hergestellten Legierungen, wie Messing und Bronze, ferner Leichtmetalle und Edelmetalle. Nichteisenmetalle zeigen im allgemeinen beim Schleifen keine Funken.

Bei der Schleifprobe nur mit Schutzbrille arbeiten!

Das Schweißen oder Verbinden von Nichteisenmetallen im teigigen oder flüssigen Zustand ist nur mit Speziallot und den dazu geeigneten Einrichtungen und Apparaten möglich.

6.4.2 Wahl und Anwendung von Handschweißelektroden

Im allgemeinen werden die Elektroden nach dem zu verschweißenden Werkstoff, dem Gütewert und der notwendigen Schweißposition gewählt. Sämtliche Elektroden für die Verbindungs- und Auftragsschweißung sind nach DIN 1913 genormt. Dabei werden die Handschweißelektroden nach dieser Norm in Type, Güteklasse und Umhüllungsdicke eingeteilt.
Das Schweißverhalten der Elektrode wird durch die Type beeinflußt. Die Angaben über die Güteklasse, gekennzeichnet durch römische Zahlen von I bis XIV, bestimmen den Gütewert der Schweißschmelze. Je nachdem, um welchen Stahl es sich handelt und welche Festigkeit er hat, muß die dafür passende Elektrode mit der richtigen Gütezahl verwendet werden. Die Umhüllungsdicke richtet sich meist nach der Elektrodentype.

6.4.3 Die Aufgaben der Umhüllung

a) Leichteres Zünden und Stabilisieren des Lichtbogens.
b) Fernhalten des Sauerstoffes durch Schutzgasbildung.
c) Verbessern des geschmolzenen Materials (Auflegieren).
d) Langsames Abkühlen durch Schlackebildung.
e) Tiefbrandwirkung bei Sondertypen.

6.4.4 Kurzbezeichnung der Umhüllungsdicke

d = dünn umhüllte Elektrode
m = mitteldick umhüllte Elektrode
s = sehr dick umhüllte Elektrode
Der Aufbau und die Umhüllung beeinflussen die Schweißnahtgütewerte wesentlich. Bei Tiefbrandelektroden (Tf), die besonders dick umhüllt sind, entfallen die Angaben der Umhüllungsdicke.

Die Handelselektroden umfassen 6 Grundtypen:
Titandioxid-Typ (Kurzbezeichnung – Ti)
Erzsaurer Typ (Kurzbezeichnung – Es)
Oxidischer Typ (Kurzbezeichnung – Ox)
Kalkbasischer Typ (Kurzbezeichnung – Kb)
Zelluloser-Typ (Kurzbezeichnung – Ze)
Sonder-Typ (Kurzbezeichnung – So)

6.4.5 Titandioxid-Typ (Ti)

Dies ist eine vielseitig verwendbare Elektrode, die in allen Umhüllungsdicken hergestellt wird. Die Umhüllung beeinflußt Schweißposition, Schweißbild, Abbrandgeschwindigkeit, Spaltüberbrückbarkeit und Schlackenlöslichkeit. Die Elektroden sind in allen Lagen mit Wechsel- und Gleichstrom verschweißbar. Sie eignen sich deshalb sehr gut bei der Reparatur- und Fertigungsschweißung von Massestählen (Profilstähle).

6.4.6 Erzsaurer Typ (Es)

Elektroden dieses Typs lassen sich in allen Positionen, außer der Fallnaht, verschweißen. Da sie überwiegend dick umhüllt verarbeitet werden, hinterlassen sie eine glatte Nahtoberfläche und ergeben einen höheren mechanischen Gütewert. Die Elektroden können mit Gleich- und Wechselstrom verschweißt werden. Da die Spaltüberbrückbarkeit nicht sehr gut ist, muß man die Werkstücke genau zusammenpassen. Es ist hierbei besonders darauf zu achten, daß der Grundwerkstoff gut schweißbar ist, da es sonst zu Warmrißbildungen kommen kann.

6.4.7 Oxidischer Typ (Ox)

Da die meisten Elektroden dieses Typs nur in der Wannenlage (w) verschweißt werden können, sind sie für die Universalreparaturschweißung nicht besonders geeignet. Ihre Nahtoberfläche ist zwar sehr feinschuppig, aber warmrißempfindlicher als bei allen anderen Elektroden. Ihr Anwendungbereich beschränkt sich auf unlegierte Stähle mit einem ausgesprochen niedrigen Kohlenstoffgehalt.

6.4.8 Kalkbasischer Typ (Kb)

Die Elektrode ist in allen Positionen verschweißbar und liegt im mechanischen Gütewert über allen anderen Handschweißelektroden. Sie eignet sich besonders zum Schweißen von niedrig-legierten Stählen und von Stählen mit einem höheren Kohlenstoffgehalt. Da die Umhüllung sehr feuchtigkeitsanziehend (hygroskopisch) ist, müssen die Elektroden in trockenen Räumen gelagert und zusätzlich mindestens $1/2$ Stunde vor der Verarbeitung mit ca. 523 °K (+250 °C) nachgetrocknet werden. Ferner muß man wissen, daß nur bestimmte Typen mit dem Wechselstromgerät (Trafo) verschweißbar sind. Aus Wirtschaftlichkeitsgründen sollten nur so viele Elektroden gekauft werden, wie man tatsächlich verbraucht.

6.4.9 Zelluloser-Typ (Ze)

Diese sind in allen Positionen verschweißbare Elektroden mit wenig Schlackenbildung. Sie eignen sich besonders für die Zwangslagenschweißung und dort, wo große Luftspalten überbrückt werden müssen (z. B. Rohrschweißungen).
Da das Schweißen mit Wechselstromgeräten (Trafo) einige Schwierigkeiten bereitet, werden sie in der allgemeinen Reparaturschweißung weniger verwendet.

6.4.10 Sonder-Typ (So)

In diese Gruppe reiht man Elektroden ein, die sich vom Aufbau her von den übrigen Elektrodentypen (Ti-Ze) nach den Angaben der Hersteller wesentlich unterscheiden. Hierzu gehören vor allem die Tiefbrandelektroden (Tf), die zum Trennen, Einbrennen und gegebenenfalls bei der Unterwasserschweißung Verwendung finden. Sie benötigen sehr viel Ampere und sind deshalb für den normalen Schweißtransformatorenbetrieb nicht geeignet.

6.4.11 Kennzeichnung der Handschweißelektroden

Dem Schweißer soll durch eine genormte Kennzeichnung der Elektroden die Auswahl für den jeweiligen Anwendungsbereich erleichtert werden. Dadurch lassen sich Sicherheit und Schweißgüte wesentlich erhöhen.
Die vollständige Elektrodenkennzeichnung nach DIN 1913 gliedert sich in drei Teile:
Der erste Teil bedeutet die deutsche Kurzbezeichnung, welche gleichzeitig eine Klassifizierung darstellt. Im zweiten und dritten Teil werden die wichtigsten ISO-Kennzeichen, die mechanischen Werte, die Schweißposition und der Stromkreis in Schlüsselzahlen angegeben.
Unter der deutschen Kurzbezeichnung (Teil 1) versteht man die Elektrodentype – z. B. Ti VIIs.
Aus dem Teil 2 kann der Gütewert des Schweißgutes entnommen werden, das sind die 3 Zahlen nach dem ersten Schrägstrich.
Im Teil 3 bedeutet die erste Zahl nach dem 2. Schrägstrich die Schweißposition. Verschiedentlich kann die Position noch zusätzlich durch Buchstaben oder Symbole gekennzeichnet sein.
Die letzte Zahl kennzeichnet den Stromkreis

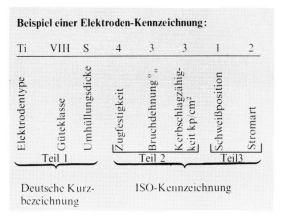

(Wechsel- oder Gleichstrom) in dem die Elektrode verschweißt werden muß. Die Kennziffer 2 bedeutet beide Stromarten. Die Kennziffer 1 bedeutet nur Gleichstrom.

Die deutsche Kurzbezeichnung und die Werte der ISO-Kennzeichnung sind von den Elektrodenherstellern auf die Elektrodenpakete aufgedruckt.

Da bei der Reparaturschweißung an landwirtschaftlichen Maschinen und Geräten meist Bau- und Massenstähle verarbeitet werden, sollte man sich bei der Anschaffung von Handschweißelektroden auf wenige Typen beschränken. Zu empfehlen wären z. B. die Typen Ti VII oder VIII m bzw. (s) in den Dicken 2,5 mm und 3,25 mm; in Schweißposition 1 und 2; diese sind lagerfähig. Spezialelektroden, wie z. B. solche, die für Gußschweißungen oder zum Trennen benötigt werden, sollte man nur nach Bedarf kaufen, da sie sehr teuer und oft nur begrenzt lagerfähig sind.

Kennziffer Schweißposition Bezeichnung nach DIN 1912

1	alle Positionen	whsfqü
2	alle Positionen außer Fallnaht	whsqü
3	waagerechte Positionen und Steignaht	whs
4	nur Wannenlage (Kehl- und Stumpfnaht)	w

Die Farbkennzeichen an den Elektrodenenden sind firmenintern und können deshalb im Gütewert nicht auf Handschweißelektroden anderer Hersteller übertragen werden.

6.4.12 Material- und Schweißnahtvorbereitung

Voraussetzung für eine einwandfreie Schweißverbindung ist die richtige Schweißnahtvorbereitung. Dabei muß man sich nach der Blech- oder Materialdicke und den Schweißnahtarten richten. Des weiteren ist das zu schweißende Werkstück oder das zu verbindende Material von Rost, Farbe, Öl oder Schlackerückständen gründlich zu säubern, damit einwandfreies Zünden des Lichtbogens gewährleistet ist und beim Schweißvorgang ein sicheres Verschmelzen von Material und Zusatzwerkstoff (Elektrode) zustande kommt. Das gesäuberte Material bzw. die Schweißstelle müssen je nach Nahtform und Schweißposition verschieden zugerichtet oder angeschrägt werden.

Die Wannenlage erlaubt ein Aufsetzen der Elektrode. Die Horizontal- oder Ecknaht bedarf keiner besonderen Vorbereitung.

Für die Steig- und Fallnahtschweißung müssen Elektroden der Schweißposition „1" verwendet werden. Die Ampere-Zahl ist um etwa $1/3$ der Normaleinstellung zu verringern.

Das gleiche gilt für die Quer- und Überkopfschweißung.

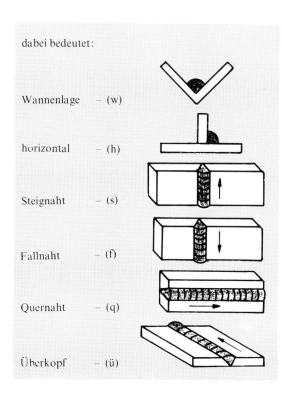

6.4.13 Nahtformen

Blech-dicke s mm	Be-nennung	Sinn-bild	Nahtvorbereitung	Nahtausführung
bis 2	Bördel Naht	⊥	2 × S	
bis 5	I-Naht	‖	S	
5 bis 20	V-Naht	V	60°; 2–3	
über 10	Steil-flanken Naht	⋃	10°; 4–6	
16 bis 40	X-Naht	X	60°; 2–3; 60°	5, 2, 1, 4, 6, 7
über 16	U-Naht	Y	10°; 2; 2	
	Doppel U-Naht	X	10°; 3; 3	12, 8, 9, 4, 5, 3, 6, 7, 10, 11, 13
16 bis 40	K-Naht	K	30–45°; 3; 30–45°	5, 3, 1, 2, 4, 6

6.4.14 Schweißübungen

Bevor Reparaturschweißarbeiten gemacht werden, sollte man sich die notwendigen praktischen Schweißkenntnisse durch Üben an alten Eisenstücken erwerben. Das Schweißgerät ist nach den zu verschweißenden Elektroden auf die richtige Stromstärkeneinstellung (pro 1 mm Elektrodendurchmesser ca. 40 Ampere) zu bringen. Je nach Schweißposition und Erwärmung am Werkstoff kann es notwendig werden, die Stromstärke gegebenenfalls zu erhöhen bzw. zu verringern. Da sich die verschiedenen Elektrodentypen auch unterschiedlich verhalten, sollte man in erster Linie die Angaben auf dem Elektrodenpaket beachten. Beim Zünden kommt es immer wieder vor, daß die Elektrode hängen bleibt. Durch leichtes Streichen mit der Elektrode auf dem Werkstück springt der Lichtbogen am besten über.

Auch zum Zünden Schutzschild vor die Augen halten.

Während des Schweißvorganges darf der Lichtbogen nicht zu groß sein. Der Abstand von der Elektrode zum Werkstoff soll etwa Elektrodendicke betragen, damit der Abbrand der Schweiße weich und gleichmäßig erfolgt. Dabei sollte man die Schweißstromeinstellung, ausgehend von der Faustformel, verschieden nach oben bzw. nach unten verändern, um die Unterschiede am Schweiß- und Raupenbild zu erkennen.

Wird mit zu hoher Amperezahl geschweißt, so fließt durch zu starke Erwärmung die Schmelze auseinander. Zu hohe Amperezahl kann weiter zu Kerbeinbränden am Werkstück führen, was die Haltbarkeit und somit die Sicherheit bei manchen Verbindungen verringert.

Zu hohe Stromstärke macht sich vor allem dadurch bemerkbar, daß die Elektrode glüht.

Wird mit zu geringer Amperezahl geschweißt, so führt das in der Regel dazu, daß die Elektrode hängen bleibt und der Lichtbogen abreißt. Dadurch kann man keinen richtigen Einbrand erzielen. Die Schweißraupe wird ungleichmäßig und die Haltbarkeit der Naht ist in Frage gestellt.

Damit beim Schweißvorgang die Schlacke nicht vorläuft, wird die Elektrode in Ziehrichtung mit einem Neigungswinkel zwischen 40–70° geführt. Kommt es dennoch einmal vor, daß die Schlacke vorläuft, so ist das Schweißen sofort zu unterbrechen und der Schlackeneinschluß aus der Schweiß-naht restlos zu entfernen. Bei der Beendigung des Schweißvorganges sollte die Elektrode nach innen geneigt sein.

6.4.15 Auftragsschweißung in der Wannenlage (w)

Soll ein Werkstück in der Dicke verstärkt werden, so muß man eine zusammenhängende Auftragsschweißung machen. Es ist darauf zu achten, daß die letzte Schweißnaht vor jeder folgenden von Schlacke befreit und mit einer Stahlbürste gründlich gereinigt wird.

Man sollte sich von Anfang an bemühen, einen gleichmäßigen Übergang der aneinander gereihten Schweißnähte zu erzielen (Abb. s. S. 138). Dadurch wird die folgende Nachbehandlung durch Abschleifen wesentlich vereinfacht. Sehr oft wird

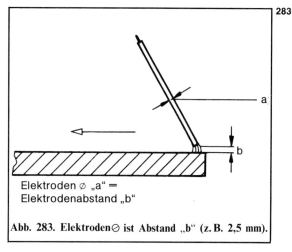

Abb. 283. Elektroden⌀ ist Abstand „b" (z. B. 2,5 mm).

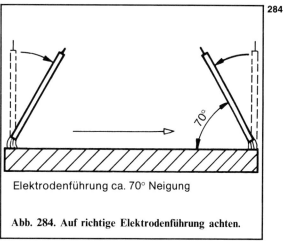

Abb. 284. Auf richtige Elektrodenführung achten.

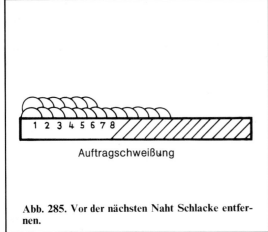

Abb. 285. Vor der nächsten Naht Schlacke entfernen.

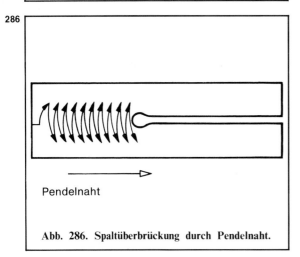

Abb. 286. Spaltüberbrückung durch Pendelnaht.

der Auftragsschweißung oder beim Schweißen einer Decklage die Pendelnaht angewandt. Dabei muß man mit der Elektrode eine Art Zick-Zack-Bewegung machen.

6.4.16 Vorbereiten und Schweißen von Stumpfnähten (Nahtform s. Seite 136)

Die **Bördelnaht** wird meist bei sehr dünnen Blechen angewandt. Dabei müssen die Blechenden kurz abgewinkelt werden. Längere Bleche sind mehrmals zu heften.
Bei Werkstücken bis zu 3 mm Dicke wird die einfache und bei solchen bis 5 mm Dicke die doppelte **I-Naht** angewandt. Der Vorteil bei der I-Naht liegt darin, daß keine besondere Schweißnahtvorbereitung notwendig ist.

Bei Werkstücken über 5 mm Dicke wird die **V-Naht** bevorzugt. Als Vorbereitung müssen die Werkstückenden so angeschrägt werden, daß eine V-förmige Fuge mit einem Winkel von etwa 60° entsteht. Damit man eine einwandfreie Wurzel legen kann, muß ein Luftspalt von 2–3 mm vorhanden sein. Ein zu großer Luftspalt vergrößert die Schrumpfung und kann bei bestimmten Konstruktionen zur Rißbildung führen. Da die V-Naht keilförmig geschweißt wird, schrumpft die Schweiße einseitig, was meist ein Verziehen des Werkstückes zur Folge hat. Gibt man dem Werkstück eine bestimmte Vorspannung, kann die Winkelschrumpfung, welche zum Verziehen führt, ausgeglichen werden.
Die **X-Naht** kann man nur da anwenden, wo die Möglichkeit besteht, von beiden Seiten zu schweißen. Damit sich das Werkstück nicht verzieht, muß abwechselnd auf beiden Seiten geschweißt werden. Je nach Materialdicke sind mehrere Lagen in der günstigsten Reihenfolge aufzutragen. Diese Schweißnahtform ist vor allem auch bei der Verbindung von Rund- und Vierkantstählen anzuwenden. Dabei sind die Materialenden keilförmig in Flächen, nicht kegelförmig anzuschrägen.
Die **K-Naht** findet dort Anwendung, wo man nur ein Teil zur Schweißnaht vorbereiten kann. Es ist dabei darauf zu achten, daß der Anschrägwinkel nicht weniger als 40–45° beträgt. Der Schweißvorgang muß abwechselnd auf beiden Seiten ausgeführt werden.
Bei allen Stumpfnähten ist wesentlich, daß beim Anrichten der Werkstücke der nötige Luftspalt vorhanden ist. Der Abstand richtet sich nach der Dicke des zu schweißenden Werkstückes und dem Durchmesser der dazu verwendeten Elektroden.
Die **Kehlnaht** hat den Vorteil, daß sie keiner besonderen Vorbereitung der Nahtfuge bedarf. Es ist lediglich darauf zu achten, daß die beiden zu verbindenden Werkstücke auf der ganzen Länge genau aufeinanderliegen, um ein Unterlaufen der Schlacke zu verhindern. Längere Werkstücke mehrmals heften. Die erste Schweißraupe (Wurzellage) wird im Winkel von 45° mit einer stark umhüllten Elektrode aufgesetzt geschweißt. Der Durchmesser der Elektrode richtet sich nach der Materialdicke. Sind wegen der Materialdicke weitere Schweißlagen notwendig, werden diese im normalen Elektrodenabstand von 2–3 mm geschweißt.
Sollen Rohre geschweißt werden, ist auf genaues Sägen und Zusammenpassen der Rohrenden be-

sonders zu achten. Je nach Wandungsdicke sind Elektroden mit einem Durchmesser von 2–3,25 mm zu verwenden. Müssen verzinkte Rohre geschweißt werden, ist es ratsam, die Zinkschicht, wenn es möglich ist, vorher abzuschleifen.

Muß eine senkrechte Naht geschweißt werden, kann dies von oben nach unten (in der **Fall-Naht**) oder umgekehrt (in der **Steig-Naht**) erfolgen. Für die Fallnaht eignen sich mitteldick umhüllte Elektroden mit der Schweißposition 1 (alle Positionen) am besten. Dabei wird die Elektrode beim Schweißen im Winkel von etwa 70° aufgesetzt mit leichtem Druck nach unten gezogen. Die Schweißstromstärke ist bei Fall- und Steignähten um etwa 1/3 der Normaleinstellung zu verringern.

Bei der Fallnaht sind mehrere Lagen aufeinander zu schweißen da der Raupenquerschnitt verhältnismäßig gering ist. Bei Eck- oder Kehlnähten ist die Steignaht vorteilhafter, sie bedarf aber mehr praktischer Erfahrung. Durch Pendelbewegungen wird die Raupe im vollen Nahtquerschnitt aufgebaut. Dabei muß man mit der Elektrode in den Ecken kurz verharren, um ein richtiges Einbrennen der Wurzel zu erzielen.

6.4.17 Brennschneiden mit Handschweißelektroden

Sind zum Trennen oder Bohren die dazu notwendigen Handwerkzeuge nicht vorhanden oder nicht anwendbar, kann man sich mit Handschweißelektroden behelfen. Es sind dazu allerdings stark umhüllte Elektroden notwendig, und die Schweißstromstärke muß überhöht eingestellt werden (z. B. 3,25–4 mm Elektrode 160–200 Ampere). In diesem Fall besteht die Möglichkeit, Werkstücke bis zu einer Dicke von etwa 15 mm zu trennen bzw. in diese Löcher einzubrennen. Die Elektrode wird nach dem Zünden an der Schneidstelle mit größerem Lichtbogen so lange gehalten, bis das Material flüssig wird. Das Abbrennen oder Trennen erfolgt durch gleichmäßige Auf- und Abwärtsbewegungen mit der Elektrode. Muß ein Loch in das volle Material (Blechplatte oder Flachstähle) gebrannt werden, sollte man die Platte anbohren und an der Bohrung den Schmelzvorgang mit der Elektrode beginnen.

6.4.18 Die Graugußkaltschweißung

In der Reparatur gewinnt die Graugußschweißung immer mehr an Bedeutung, weil die dazu notwen-

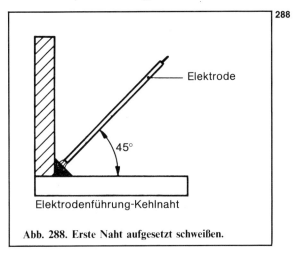

Abb. 288. Erste Naht aufgesetzt schweißen.

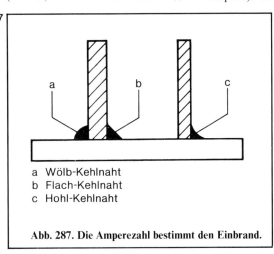

a Wölb-Kehlnaht
b Flach-Kehlnaht
c Hohl-Kehlnaht

Abb. 287. Die Amperezahl bestimmt den Einbrand.

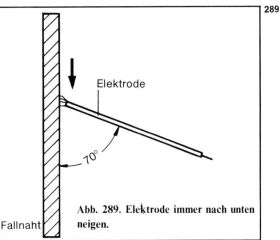

Abb. 289. Elektrode immer nach unten neigen.

digen Spezialgußelektroden („Gußeisenweich") durch den Zusatz von Nickellegierungen nach dem Schweißen nur noch sehr wenig aushärten. Die Schweißnaht mit Umgebung kann nach dem Erkalten durch Handwerkzeuge wie Feile oder Säge wieder bearbeitet werden. Selbst Gewinde schneiden ist möglich. Das Material wird an der Bruch- oder Rißstelle zu einer V-förmigen Nute ausgeschliffen. Damit die Bruchstücke wieder genau zusammengefügt werden können, soll man die Körnung der Bruchstelle nicht ganz abschleifen. Bei Rissen sind die Anfänge und Enden anzubohren.

Die Schweißstromeinstellung liegt pro mm Elektrodendurchmesser bei etwa 30 Ampere und darunter.

Längere Bruch- oder Rißstellen dürfen nicht in einem Zug geschweißt werden. Nach etwa 10–20 mm Raupenlänge wird der Schweißvorgang immer wieder unterbrochen und die Schweißraupe mit der Spitze des Schlackenhammers auf der ganzen Länge gehämmert. Dadurch wird das Material gestreckt und bleibt spannungsfrei. Am besten schweißt man die Bruchstelle von der Mitte ausgehend abwechselnd nach links bzw. rechts. Je nach Werstückdicke können mehrere Lagen aufgetragen werden. Der Schweißvorgang ist auch hier in Abständen zu unterbrechen, damit das Werkstück nicht zu stark erwärmt wird. Bei zu großer Erwärmung kann es zu weiterer Rißbildung kommen.

Schweißstelle nie mit Wasser abkühlen, sondern langsam erkalten lassen.

6.4.19 Zur Unfallverhütung beim Schweißen

a) Die Herstellung und Änderung des elektrischen Anschlusses ist immer Sache des Elektrofachmannes.
b) Nur einwandfreie Schweißeinrichtungen benützen, dabei vor allem auf sichere Installation achten.
c) Schweißgeräte nie als Werkzeugablage benutzen.
d) Bei längeren Arbeitsunterbrechungen Gerätestecker vom Netz trennen.
e) In engen Räumen stets für ausreichende Lüftung sorgen.
f) In Tanks, Blechbehältern oder Kesseln dürfen nur Gleichstromgeräte oder Trafos mit einer maximalen Leerlaufspannung von 42 V eingesetzt werden.
g) Niemals mit Sauerstoff belüften.
h) Als Schweißunterlagen niemals Ölkübel oder andere Hohlkörper verwenden.
i) Nicht mit ungeschützten Augen in die Schweißflamme sehen und Schweißstelle zum Schutz anderer Personen abschirmen.
k) Während der Schweißarbeit an beiden Händen Lederhandschuhe tragen.

Schweißarbeiten an Anhängevorrichtungen, Zuggabeln, Rahmenteilen, Bremsgestängen und allen Teilen, die die Verkehrssicherheit des Fahrzeuges stark beeinflussen, dürfen nur vom Hersteller oder einer durch ihn autorisierten Werkstatt durchgeführt werden.

Sachregister

Abblendlicht 37, 39
Abbrandgeschwindigkeit 134
Abdichtmanschetten 25
Abdichtringe 106
Ablaßschraube 58
Absicherung 132
Abwinkelung 109
Abziehvorrichtung 74
Achsabstände 127
Achshälfte 32
Achsschenkel 32, 106
Achsschenkelbolzen 32
Achsschenkellager 32
Achsstummel 108
Akku-Säure 33, 34
Alligator-Wasserboy 54
Allradantrieb 23
Ampere-Zahl 132, 135, 137, 139
Anhänger 57
Anhängevorrichtung 57
Anlasser 37, 40
Anlasserschalter 37
Anpreßdruck 88
Anschlagschraube 76
Anschrägwinkel 138
Antriebskette 63, 103
Antriebskettenräder 104
Antriebsriemen 129
Antriebsritzel 81
Antriebswelle 108
Anzugsmoment 89, 93
Aufbesserungsmittel 34
Auflaufbremse 58
Aufnahmetrommel 90
Auftragsschweißung 137
Aufzugsfeder 77
Auslaßventil 17
Auslaufhahn 14
Ausrücklager 20, 21
Ausstoßmenge 69
Außenlasche 128
Außenringe 106
Außenschuh 83, 86

Backenbremse 91
Balkenschiene 81, 86
Ballenschleuder 93
Batterie 33, 40
Batteriekapazität 33
Batteriezündung 100
Baustähle 133
Beleuchtung 37
Bereifung 49
Berührungsschutz 131
Bimetall-Schalter 132

Blattschar 105
Blinkanlage-Störungen 47
Blinkgeberanschlußklemmen 42
Blinklicht 39, 40
Blinkschalter 40
Blinkschalteranschlußklemmen 42
Bodenfräse 62
Bördelnaht 138
Bowdenzug 91
Bremsen 26
Bremsen belegen 27
Bremsbacken 26, 27, 29
Bremsbeläge 27, 58, 92
Bremsflüssigkeit 28
Bremsgestänge 26, 57, 58
Bremshebel 58
Bremsleitung 59
Bremslicht 39, 40
Bremslichtschalter 40
Bremsprobe 28
Bremsschläuche 27, 29
Bremsschlüssel 91
Bremsteller 28, 58
Bremstrommel 27, 58, 92
Bremswirkung 28, 58
Brennschneiden 139
Bruchprobe 133
Bruchsicherung 61
Bruchstelle 140
Brückenbildung 72
Brustwinkel 79
Bunker 103
Bunkerköpfroder 102
Bürstenhalter 35

Chemischer Aufrauer 52
Chlormagnesium 54

Dammwalze 105
Destilliertes Wasser 33
Dichtring 10, 16
Dieseleinspritzanlage 14
Dieselfässer 14
Dieselmotor 10, 100
Dioden 36
Doppelglied 129
Doppelkupplung 20
Doppelmessermähwerk 87
Dositestgerät 70
Drahtseile 57
Drehmomentschlüssel 90, 108
Drehstromlichtmaschine 36, 40
Dreikammerrückleuchte 43

Dreiwegehahn 69
Dreschkanal 99
Dreschtrommel 98
Dreschwerk 98
Drillmaschine 64
Druckausgleichsbehälter 61, 68
Druckbegrenzungsventil 26
Druckfeder 124
Druckfilter 26
Drucklager 20
Druckluftanlage 29
Druckluftbremse 58
Druckluftvorratskessel 29, 59
Druckmanometer 26
Druckplatte 21
Druckregelventil 67
Druckring 21
Druckscheibe 122
Druckspeicher 66, 67
Druckspeichermembrane 67
Druckventil 66
Düngereinleger 61, 62
Durchlaufrichtung 20
Düsen 14, 69

Ecknaht 135
Einfüllschraube 21, 22
Eingangsleistung 132
Einlaßventil 17
Einschaltdauer 131,
Einspritzpumpe 14, 16
Einspritzanlage 15, 16
Einstellbereich 132
Einstellehre 69
Einzelkornsägerät 64
Einzelradbremse 28
Einzugsorgan 95
Einzugsschnecke 93
Einzugswalze 98
Eisenmetall 133
Elektrische Ausrüstung 33
Elektr. Unterbrecherzündung 74
Elektrodenabstand 74
Elektrodenhalter 132
Elektrodenkennzeichnung 134
Elektrodenkerndurchmesser 132
Elektrodentypen 137
Elevatorkette 99, 101
Entlüften 16
Entlüftungsschraube 16, 24
Ephetin 19
Erzsaurer Typ 134
Exzenternocken 27

Exzenterschraube 103

Fahrantrieb 20
Fallbremse 58
Fallnaht 134, 135, 139
Fasenlänge 102
Federverschluß 127
Federwaage 80, 90, 93
Fehlstellenausgleich 65
Feilendurchmesser 79
Feillehre 80
Feilprobe 133
Feldhäcksler 93
Feldspritze 55
Felgenband 52
Felgenhorn 49
Felgenlack 50
Felgenschulter 49
Fernlicht 39
Feststellbremse 57
Filter 66, 67, 69
Filterbehälter 13
Filtereinsätze 12
Filterpatrone 23
Filterwechsel 15
Filzplattenfilter 15, 76
Filzringe 108
Filzrohrfilter 15
Finger 81
Fingerbalken 81
Fingerhalter 91
Fingerplatten 81, 83, 85
Fingerrohre 98
Flachbettfelge 49
Flachriemen 130
Flachstrahldüse 69
Flanschgabel 117
Fliehgewichte 76
Fliehkraftkupplung 76
Flüssigkeitsbremse 27, 28
Flüssigkeitskupplung 21
Folienschweißung 71
Förderkette 65, 90, 104, 105
Förderleisten 90
Förderpumpe 16
Förderschwingen 90
Fräsmesser 62
Fräswelle 62
Frontantrieb 32
Frontlader 25
Frostschutzmittel 19, 54, 55, 59
Fühler 102
Führungsklötze 95
Führungsplatten 96
Funkenprobe 133
Fußbremse 26

Futterrübenernter 103

Gabelstück 115
Gegenschneide 94, 95
Gelenkbolzen 115
Gelenkhälften 117
Gelenkkreuz 117
Gelenkwellen 109, 115
Gelenkwelle kürzen 113
Gelenkwellenlänge 90
Gelenkwellenprofilrohre 109
Gelenkwellensicherung 115
Getriebe 20, 22
Getriebeöl 22, 89
Gewebeunterbau 52
Glasfasermatte 71
Gleichrichter 131
Gleichstrom 33, 36, 134
Gleichstromgenerator 34, 36
Gleitlager 61, 63, 90, 99
Gleitscheibe 117
Gliederlaschen 125
Glysantin 59
Glyzerin 68
Graphitring 20, 21
Grindel 59
Gummiantriebsriemen 130
Gummibänder 93, 105
Gummigurte 104
Gummiklöppel 103
Gummirundringe 108
Gummischlauchkolben 66
Gußschweißung 135
Güteklasse 133
Gütewert 133, 134

Häckslermesser 94
Halbleiter 36
Halslager 104
Hanauer Maus 54
Handbremse 26, 29, 57
Handschweißbetrieb 131
Handschweißelektroden 133, 134, 135
Haspel 97
Hauptlager 20
Hauptscheinwerfer 37
Hell-Dunkel-Grenze 37
Heuwerbemaschinen 89
Hobelzahnkette 78, 79
Hochdruckbereich 67
Hochdruckpresse 92
Hochdruckschläuche 25
Hochschnittbalken 86
Höchstdruckschläuche 25

Höchstleerlaufspannung 131
Höchstluftdruck 52
Hohlstifte 117
Holzlager 99
Horizontalnaht 135
Hornring 51
Hubeinrichtung 90
Hubwechsel 86
Hubzylinder 25, 101, 106
Hydraulik 23, 45, 101, 106
Hydraulikflüssigkeit 24
Hydrauliköl 93
Hydraulikpumpe 26
Hydraulikschläuche 24, 25
Hydraulische Fußbremse 28
Hydraulische Lenkhilfe 46
Hydraulische Lenkung 46

Idealer-Zugpunkt 62
I-Naht 138
Induktionsspannung 36
Innenglied 128
Innenschuh 83, 86
Innensechskantschlüssel 22
Instrumentenbeleuchtung 40
ISO-Kennzeichen 134
Isolatorfuß 72
Isolierstoffklasse 131

Kabelabisolierzange 39
Kalkbasischer Typ 134
Kartoffelernter 104
Kartoffellegemaschine 65
Kartoffelsammelroder 104
Kastenstreuer 62
Kegelrollenlager 32, 106
Kegelsätze 66
Kehl-Naht 138
Keilriemen 18, 29, 36, 89, 91, 101, 130
Keilriemenantrieb 98
Keilriemenspannung 34
Keilring 66
Kerbeinbrände 137
Kerze überhitzt 72
Kerze verölt 72
Kerze verrust 72
Kerzenstecker 74
Kettenbremse 81
Kettenelevator 98
Kettenfett 124
Kettenglieder 65, 80
Kettenlaschen 127
Kettenrad 76
Ketten schärfen 78

Kettenschloß 99
Kesselschweißbetrieb 131
Kipphebel 17
Klemmbänder 20
Klemmschrauben 90
K-Naht 138
Knallgas 34
Kohlebürsten auswechseln 35, 37
Kolbenanschlagbolzen 74
Kolbenmembran-Pumpe 66
Kolbenpumpen 66
Kolbran-Pumpe 66
Kollektor 35, 37
Kollektor abdrehen 35
Kompressionsdruckprüfer 17
Kompressor 18, 58
Kondensator 74
Konservierungsöl 9, 102
Kontaktfeile 74
Kontrollampen 39
Kontrollschraube 21
Köpfapparat 102
Köpfmesser 102
Körnerelevator 99
Korrosionsschutz 19, 72
Krafheberanlage 23
Kraftstoffanlage 14, 72, 75
Kraftstoffilter 15, 75
Kraftstoff-Luft-Gemisch 75
Kraftstofförderpumpe 15, 100
Kratzbodenkette 63
Kreiselheuer 89
Kreiselschwader 89
Kreuzgelenke 89, 109, 113, 115
Kreuzzapfen 115
Kronenmutter 106
Kugelgelenke 97
Kugellager 99
Kugelmutterlenkung 30
Kühlart 131
Kühler 101
Kühllamellen 18
Kühlrippen 18
Kühlsystem 18, 19, 20
Kühlung 17, 18, 22
Kühlwasser 101
Kühlwasserregler 20
Kühlwasserschläuche 20
Kunststoffantriebsriemen 130
Kunststoffbehälter 71
Kunststoffführungen 95
Kunststoffgleitlager 20

Kunststoffhülsen 125
Kunststofflager 65, 105
Kupplung 17, 20, 21
Kupplungsbeläge 20, 26
Kupplungsglocke 20, 81
Kupplungsmitnehmer 77
Kupplungspedal 20
Kupplungsspiel einstellen 20
Kurbelgehäuseentlüftung 101
Kurbelstange 86
Kurbeltriebstange 87
Kurfenscheibe 89, 98

Ladekontrolle 36
Ladeleistung 35
Ladestromstärke 33
Ladewagen 90
Lagerböcke 99
Lagerbolzen 125
Lagerbuchsen 32
Lagerbüchse 115, 117
Lagerelemente 113
Lampenbestückung 39
Lampenwechsel 37
Leckkraftstoff 16
Lederantriebsriemen 130
Leerlauf 75
Leerlaufspannung 131
Leinwandgewebe 52
Leistungsfaktor 131, 132
Leitungsquerschnitt 34
Leitungsverschraubungen 16
Lenkautomatik 102
Lenkgestänge 32
Lenkhebel 32
Lenkspiel 29
Lenkstock 30
Lenkstockhebel 30
Lenkung 29
Lichtmaschine 34, 35
Lichtmaschine polarisieren 36
Lochscheiben 65
Lüfter 18
Lüfterrad 74
Luftdruck 52
Luftfilter 12, 18, 75, 76, 101, 109
Luftfilterpatrone 72
Luftkühlung 17
Luftpresser 29
Luftregulierschraube 75

Magnesiumchlorid 55

Magnetschalter 37
Mähdrescher 96
Mähmesser 101
Mähscheiben 88
Mähwerke 81
Manometer 66, 68, 70
Manometertestgerät 70
Masseband 34
Massekabel 132
Masseklemme 36
Mechanische Lenkung 30
Mechanische Unterbrecherzündung 74
Mehrzweckfett 108
Meißelschar 59, 105
Membrane 66, 67, 76
Messerantriebskopf 96
Messerbalkenaufhängung 86
Messer einpassen 85
Messerführungen 86
Messerführungsarme 88
Messerhalter 85
Messerhub 97
Messerhubwechsel 87
Messerklingen 83, 88
Messerscheibenwelle 96
Messer schleifen 85
Messersech 61
Messerstab 96
Meßstab 10, 16
Meßuhr 93
Mikropatrone 13, 15
Mindestluftdruck 52
Mineraldüngerstreuer 62
Minuspol 33, 37
Mischungsverhältnis 72
Mitnehmerscheiben 20, 124
Mitteldruckschläuche 25
Mittelschnittbalken 86
Montiereisen 51
Motorsäge 72
Motorenöl 101
Muldenschar 105

Nadellager 61, 77, 115
Nahtformen 51
Neigungswinkel 137
Netzanschluß 131
Nichteisenmetall 133
Niederdruckbereich 67
Niederdruckschläuche 25
Nietdurchmesser 84
Nietenkopfmacher 128
Nietenzieher 84
Nockenratsche 117
Nockenwelle 120
Nutmutter 25

Oberlenker 62
Obermesser 87
Ölablaßschraube 10, 22
Ölbadluftfilter 12
Öldruckschalter 40
Ölfilter 10, 101
Ölkohlebildung 72
Ölkontrolle 10, 22
Ölmotor 93, 101
Ölpumpe 76
Ölstandskontrolle 10
Ölstandskontrollschraube 16
Ölwechsel 10, 22
Ölzufuhr 76
Otto-Motor 100
Oxidischer Typ 134

P3-Lösung 18, 130
Papiereinsatz 11
Papiersternpatrone 11
Pedalhebel 20
Pedalhebelwelle 20
Pendelnaht 138
Pflanzenschutzspritze 65
Pflüge 59
Pflugkörper 59
Pick-up 90
Planetenantrieb 23
Pluspol 33
Polfett 34
Polyäthylen 71
Polyester 71
Polyesterharz 71
Portalachse 23, 32
Pressen 92
Profilrohre 113, 117, 120
Profilstähle 133
Pumpen 66
Pumpenelemente 14
Pumpenkolben 67
Pumpenzylinder 67
Putzschleuder 103

Querschweißung 135
Quersiebroder 104

Radbremszylinder 27, 28
Radiallager 36
Radlager 106, 108
Radlagerspiel 108
Radmuttern 52
Radnabe 32, 106
Radrechwender 89
Rafferzinken 93
Räumplatten 86
Reflektor 37
Regelhydraulik 62

Reglerschalter 36
Regulierschraube 68
Reibebänder 97
Reibscheibe 122
Reifenabdrückzange 49
Reifendruck 49
Reifenmontage 49
Reifenpflege 48
Reifenwasserfülltabelle 56
Reifenwulst 59, 50
Reiheneinspritzpumpe 16
Reinigungsbürsten 11
Reinigungsplatten 85
Reparaturschweißung 131, 135
Rillenkugellager 61
Rodeschar 105
Rohrleitungen 25
Rohrschweißung 134
Rollenketten 99, 101, 124, 125
Rotierende Mähwerke 88
Rückenspritze 55
Rückholfeder 20, 77, 78
Rücklicht 39
Rückschlagventile 66, 69
Rutschkupplung 92, 93, 94, 101

Sägekette 76
Särohre 64
Saugfilter 26, 67
Saugventile 66
Säuredichte 33
Säureheber 33
Säurestand 33
Seggerringzange 115
Segmentbogen 29
Seitengriff 60
Selbstmischeröl 72
Sicherheitsglieder 80
Sicherungen 38
Sicherungsbleche 89
Sicherungsring 51, 115, 117
Sieb 16
Siebkettenroder 104
Siebrost 105
Signaleinrichtung 13
Silentblöcke 97
Simmerring 20, 27, 106, 108
Sondertyp 134
Spaltfilter 11
Spaltüberbrückbarkeit 134
Spannklötze 90, 126
Spannräder 125
Spannrolle 125, 130
Spannrollen 98, 103
Spannungsregler 40

Spannvorrichtung 18, 94, 130
Sperrklinke 65
Sperrad 65
Spezialbremsfederzange 27
Spezialelektroden 135
Speziallot 133
Spezialmaishäcksler 95
Spezialriemen 130
Spezialschlüssel 76
Spezialwasserpumpenfett 20
Spion 17
Spitzzange 115
Sprengring 52
Sprengringreifen montieren 51
Spritzmittelaufwand 70
Spritztabelle 69
Spülöl 24
Spurstangenkopf 32
Spurstangenkopf ausbauen 30
Superkraftstoffe 72
Schalter 103
Schalterfeder 103
Schaltgetriebe 108
Schaltkasten 23
Schaltkulisse 23
Schaltwellen 23
Schärfwinkel 78, 82, 87, 94
Schauglas 66
Scheibenbremsen 28
Scheibenfeder 74
Scheibenkupplung 120
Scheibenmesser 104
Scheibenradfeldhäcksler 93, 94
Scheibensech 61, 62
Scheinwerfer 40
Scheinwerfereinstellgerät 38
Scheinwerfereinstellung 37
Scherschraube 93
Schiebeprofilrohre 113
Schiebestift 115
Schlackeneinschluß 137
Schlackenhammer 132
Schlackenlöslichkeit 134
Schlagleisten 98, 99
Schlauch 52
Schlauch flicken 52
Schlauchverbindungen 68
Schleifeinrichtung 95
Schleifklötze 61
Schleifkufe 102
Schleifnocken 74
Schleifprobe 133
Schleifscheibe 96
Schlepper 10

143

Schleuderradroder 104
Schließwinkelgerät 100
Schliffwinkel 85, 102
Schlußleuchte 40
Schmelzvorgang 140
Schmierfilz 74
Schmiernippel 9
Schnabelschar 59
Schneckenlenkung 30
Schneideinrichtung 91
Schneidvorrichtung 104
Schneidwerk 96
Schneidzähne 78, 79
Schnellkupplungen 25
Schnelläufer 29
Schnittwinkel 94
Schraubenausdreher 9
Schubstangen 90
Schubstangenkugelkopf 30
Schulterlager 36
Schüttler 99
Schüttlerlager 99
Schüttlerwelle 99
Schutzbrille 132
Schutzschild 132
Schwefelsäure 34
Schweißbild 134
Schweißgerät 131
Schweißkabel 132
Schweißnahtart 135
Schweißnahtvorbereitungen 135
Schweißposition 134, 135, 137
Schweißstromanschluß 132
Schweißstromeinstellung 137, 140
Schweißtransformator 131
Schweißübungen 137
Schweißunterlagen 140
Schweißverbindung 135
Schweißvorgang 137, 140
Schwenkarme 89
Schwenkbereich 109
Schwerspannstift 117
Schwert 76
Schwimmstellung 62
Schwinghebel 87
Schwinghebelexzenter 87
Schwinghebelwelle 87
Schwingkloben 93
Schwinglager 104
Stahlelektrode 60, 61
Stalldungstreuer 63
Standgas 76
Standlicht 39
Starterachse 77

Starterklinken 78
Starterrolle 77
Starterseil 74, 77
Staubkappe 106
Steckdose 43
Steckdose anklemmen 39
Stecker 43
Stecker anklemmen 39
Steckglied 127, 128
Steckpumpe 14
Steignaht 135, 139
Steinauslösung 61
Sternratsche 120
Steuergerät 24, 26, 101
Steuerhebel 23, 101
Steuerzeiten 17
Stiftschrauben 122
Stiftfreilauf 124
Störungstabellen 44, 69
Straßenluftdruck 52
Streichblech 60, 61
Streuwalzen 63
Strömungskupplung 22
Stumpfnähte 138

Talkum 50
Tastrad 65
Tastscheiben 102
Taumelstücke 104
Tellerfeder 122, 124
Tetrachlorkohlenstoff 130
Thermostat 20
Tiefbettfelge 49, 50
Tiefbrandelektrode 134
Tiefenbegrenzer 79, 80
Tiefenbegrenzermaß 79
Tiefschnittbalken 86
Tischausgleichsfeder 101
Titandioxid-Typ 134
Traktormeter 70
Treibglied 80
Triebstange 97
Trockenluftfilter 12, 13
Trommeldrehzahl 99
Trommelhäcksler 93, 94
Tropföler 95
Turbo-Kupplung 22
Typenschild 131

Überhitzung 132
Überkopfschweißen 135
Überlastungskupplung 90
Überlaufrohr 16
Umformer 131
Umhüllungsdicke 133
Ummantelung 132
Unfallschutzrohre 113

Unfallverhütung b. Schweißen 140
Unterbrecherabstand 72
Unterbrecherkontakt 74
Untergriff 60
Unterlenker 62
Untermesser 87
Ventildeckel 17, 66
Ventile 17, 66
Ventileinsatz 49, 54
Ventileinstellehre 17
Ventilspiel einstellen 17
Ventilüberschneidung 17
VDE (Verband deutscher Elektrotechniker) 132
Verbindungsglieder 125
Vergaser 72, 75, 76, 100
Vergasereinstellung 100
Verleseband 105
Versplintung 108
Verstell-Regler 100
V-Naht 138
Volldrehpflug 62
Volt-Zahl 33
Vorderachse 32
Vorderradantrieb 23
Vorderräder 30
Vorderradlager 33
Voreilung 86
Vorratsroder 104
Vorreiniger 15
Vorschäler 61, 62
Vorspur 30
Vorspur prüfen 30
Vorwerkzeuge 61
Vulkanisierflüssigkeit 54

Wagenheber 106
Wälzlager 106
Wannenlage 135, 137
Wärmewert 72, 74
Wartungsarbeiten 14
Wasserablaßschraube 19
Wasserfüllgerät 54, 57
Wasserfüllung in Reifen 54
Wasserkühlung 17
Wasserpumpe 20
Wassersack 15
Wasserschutz 131
Watenbreite 87
Wechselfilter 11, 15, 23
Wechselstrom 36, 134
Wegwerffilter 11
Weitwinkelgelenke 117
Weitwinkelgelenkwelle 109
Wellendichtungen 106, 108
Winkelgetriebe 103

Winkelschrumpfung 138
Wirkungsgrad 131, 132
Wischer 40
Wurfelemente 63
Wurzellage 138

X-Naht 138

Zahndach 79
Zahnradpumpe 76
Zapfwelle 21
Zapfwellenantrieb 20
Zapfwellendrehzahl 69
Zapfwellenpumpe 55
Zapfwellenstummel 109
Zellenräder 65
Zelluloser-Typ 134
Ziehring 103
Ziehverschluß 120
Ziehvorrichtung 103
Zinkschicht 139
Zuckerrübenernter 102
Zuführschnecke 98
Zugeinrichtung 57
Zugfeder 76
Zuggabel 57, 58
Zündanlage 72, 74, 100
Zündfunke 74
Zündkabel 74
Zündkerze 72, 100, 101
Zündkerzen-Elektrode 72
Zündkerzengesicht 72
Zündkontrolle 34
Zündspule 74
Zündzeitpunkt 72
Zusatzwerkstoff 135
Zwangslagenschweißung 134
Zweiachs-Anhänger 58
Zweifachkupplung 20
Zweitakt-Verbrennungsmotor 72
Zwischenglied 80
Zwischenkabel 39, 43
Zyklon 12, 13